比科学故事更重要的

是科学精神

科学有故事

汪诘

科普中国创作出版扶持计划

眼睛

地球的

Eye beyond the Sky

25 Ground and Space Telescopes,
from Hooker to FAST

汪诘·科学有故事团队

著

地基和
太空天文台
传奇

上海教育出版社
SHANGHAI EDUCATIONAL
PUBLISHING HOUSE

图书在版编目（CIP）数据

地球的眼睛：地基和太空天文台传奇 / 汪诘，科学
有故事团队著. — 上海：上海教育出版社，2022.10
（2023.1重印）
ISBN 978-7-5720-1717-9

Ⅰ.①地… Ⅱ.①汪… ②科… Ⅲ.①天文望远镜 –
青少年读物②空间探测器 – 青少年读物 Ⅳ.①TH751-49
②V476-49

中国版本图书馆CIP数据核字(2022)第186779号

责任编辑　章琢之　徐建飞　卢佳怡
美术编辑　陆　弦

地球的眼睛：地基和太空天文台传奇
汪诘·科学有故事团队　著

出版发行　上海教育出版社有限公司
官　　网　www.seph.com.cn
地　　址　上海市闵行区号景路159弄C座
邮　　编　201101
印　　刷　上海盛通时代印刷有限公司
开　　本　787×1092　1/16　印张20.5　插页2
字　　数　367千字
版　　次　2022年10月第1版
印　　次　2023年1月第2次印刷
书　　号　ISBN 978-7-5720-1717-9/P·0003
定　　价　128.00元

如发现质量问题，读者可向本社调换　电话：021-64373213

前言

在数万年前的洞穴壁画中，我们的祖先就用植物的汁液和彩色的矿物画下了无比璀璨的星空。人类对浩瀚宇宙的迷恋和挚爱，比绘画更多彩，比音乐更奔放，比诗歌更热烈，也比所有的人类文化都久远。

远古人类为何要仰望星空，为何迷恋星空……这是连古人类学家也感到迷惑的。

人类用数万年的时间凝望着星星，记录着它们的位置，观察着它们的变化……还留下了很多美丽的传说。人类能用于观察星空的工具，还仅限于一双肉眼。人类对宇宙的理解，也仅限于区分行星与恒星而已。

四百多年前，当伽利略将望远镜指向星空后，人类对宇宙的认识开始进入一个全新的时代。一百多年前，人类又领悟到可见光只是电磁波谱中一段非常窄的波段，在可见光之外，既有波长更长的红外线、微波和无线电波，也有波长更短的紫外线、X 射线和 γ 射线。

现在，无论是在肉眼看得见的可见光波段，还是肉眼看不见的其他波段，人类都建造了强大的望远镜和观测设备，每一个都堪称一项超级工程。这些设备中一些被架设在地表，一些被发射到太空，还有一些带着它们的特殊使命，孤独地飞向宇宙深处，直到生命的终结。

"四方上下曰宇，往古来今曰宙。"

时间与空间在 138 亿年前的一次大爆炸中被创造出来。只用了一秒钟的时间，全部的氢原子就从炽热的原初等离子体中被瞬间创造出来。我们喝的每一杯水，吃的每一口饭，里面的氢原子都来自 138 亿年前的那次大爆炸，没有例外。这次大爆炸的回响，至今还以无线电波的形式在宇宙中回荡。

宇宙最有魅力的地方，就是在一个无限广大的空间里，小到原子，大到恒星，同时上演着的一场"大戏"。人类在这场"大戏"开演了 138 亿年之后，才姗姗来迟，但只要我们能望得足够远，就依然能读懂发生在 138 亿年间的全部故事。

宇宙，是物理学的天然实验室。超高温、超大密度、超高质量、超大压强、高能粒子，一切物理学家们期待的极端条件，都能在宇宙中找到。仰望星空，不仅能看到我们已经经历的历史，也能推测出我们的未来。所以理解和探索宇宙，对人类来说至关重要。这正是人类不断挑战极限，建造超级望远镜和探测器的初衷。

如此重要的工作，中国当然不能落后。探测器和超级望远镜，作为重要的基础科学研究设施，战略意义非常重大。

生活在 21 世纪的中国天文爱好者是非常幸运的。因为，西方国家主导天文学研究的时代正在过去，中国天文学蓬勃发展的春天正在到来。

我们高兴地看到，全球最大的单口径射电望远镜——"中国天眼"——已经屹立在中国大地上；我们有幸见证祝融号顺利登陆火星，开启了中国人探索地外行星的新纪元；我们有幸迎接了携带着月壤的嫦娥五号的胜利回归；我们有幸等来了一镜千星的郭守敬望远镜发布的全球首个千万级光谱的巡天数据……

本书为你准备了 25 个关于空间探测器和超级望远镜的有趣故事，其中的"郭守敬望远镜""悟空号暗物质探测器""中国 500 米口径球面射电望远镜""高海拔宇宙线观测站"4 个故事来自中国。

另外，中国与澳大利亚、南非等六个国家共同发起的平方千米阵列射电望远镜将在 2030 年投入运行。这是一个跨时代的大型望远镜工程，也是人类历史上灵敏度最高的天文学设备。

本书将为你讲述人类历史上最重要的 13 座地面天文台和 12 台空间探测器的故事。它们就像是一座座人类文明纪念碑，记录着位于银河系郊外一角的蓝色星球上，一群身高不足 2 米的两足动物探索浩瀚宇宙的故事。

当然这 25 个故事，远远不能覆盖人类探索宇宙的全部历程。但是，我可以向你保证，每一个故事，都代表着天文学一个时代的骄傲；每一个故事，都是一座值得铭记的丰碑。

它们是人类的"眼睛"！

目 录
CONTENTS

第一部分　地球之眼

《地球的眼睛》
配套视频二维码

第二部分　太空之眼

第一部分

地球之眼

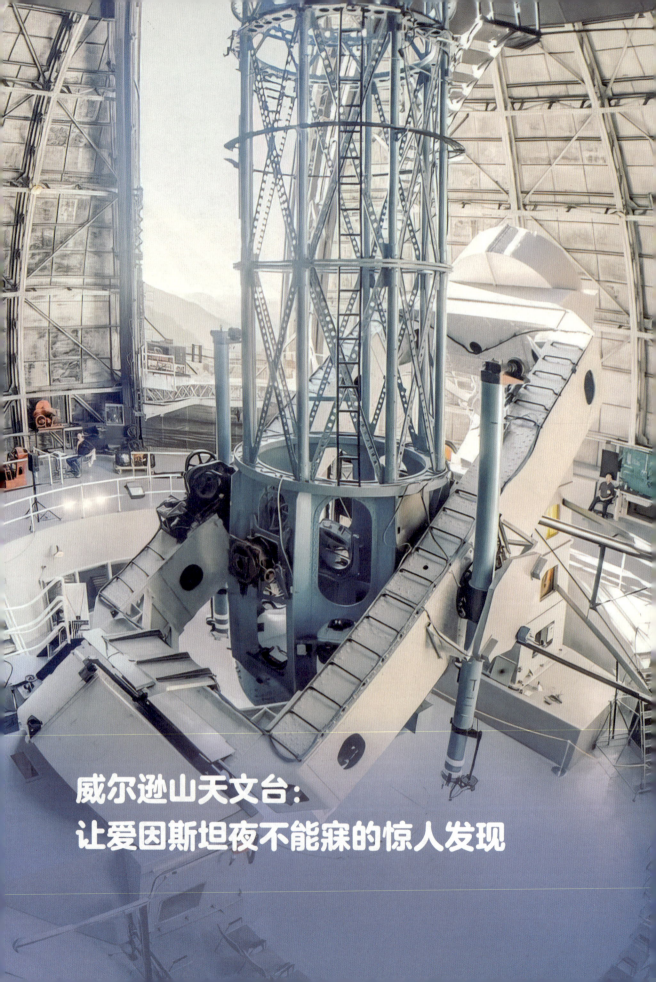

威尔逊山天文台：
让爱因斯坦夜不能寐的惊人发现

威尔逊山天文台：
让爱因斯坦夜不能寐的惊人发现

1930 年 12 月的一天，在德国柏林，时值隆冬，北风呼啸。著名物理学家爱因斯坦新婚燕尔，但他无暇和妻子享受蜜月的甜蜜，他要马上去美国加利福尼亚州（以下简称加州）。爱因斯坦去加州可不是为了度蜜月，在他看来，有一件事的优先级比度蜜月要高得多。

在民航还没有普及的年代，从德国前往地球对面的美国，可不是趟轻松的旅程。为了到达位于美国西海岸的加州，爱因斯坦先从德国坐火车到比利时，然后在安特卫普港坐船，一路向西渡过大西洋到达美国纽约。短暂停留之后，爱因斯坦从美国纽约又乘船南下，沿着东海岸进入巴拿马运河，再穿过运河，到达太平洋，继续沿太平洋东岸北上，历时一个月，这才终于抵达了加州的洛杉矶。

阿尔伯特·爱因斯坦与爱尔莎·爱因斯坦
（来源：CC0 Public Domain）

这是爱因斯坦第二次来美国，也是他第一次踏足美国西海岸。他千里迢迢来到加州，是受加州理工学院邀请而进行学术访问。但是对爱因斯坦来说，还有一个很重要的私人目的，就是先去参观一个地方，后拜会一个人，这个地方就是位于加州的威尔逊山天文台，而他要拜访的人，则是美国传奇天文学家埃德温·哈勃（Edwin Hubble，1889—1953）。

哈勃在威尔逊山天文台的观测发现，不仅刷新了爱因斯坦的认知，也刷新了人类对宇宙的认知。威尔逊山天文台也因为这项发现而在整个人类天文学史上留下了浓墨重彩的一笔。

1904 年，被誉为现代太阳观测之父的美国天文学家乔治·埃勒里·海耳（George Ellery Hale，1868—1938）来到了位于加州洛杉矶东北部的威尔逊山。他一眼就相中了这块宝地，为什么呢？因为威尔逊山所在的区域上空有一种比较罕见的大气现象，称为逆温层。通常情况下，气温会随着海拔的升高而降低，但基于一些复杂的成因，有些地方则刚好反过来，这就是逆温层。

乔治·埃勒里·海耳（左图，来源：美国芝加哥大学）在威尔逊山勘察（右图，来源：卡耐基公共图书馆）

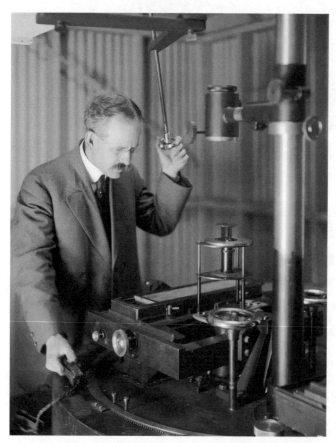

海耳使用摄谱仪观察太阳黑子（来源：美国加州理工学院）

逆温层带来的一个最大好处就是大气非常稳定。威尔逊山是整个北美地区大气最稳定的区域之一，特别有利于天文观测。

海耳发现这块宝地后，马上把一台当时世界上最先进的天文望远镜，从叶凯士天文台搬了过来。就这样，威尔逊山天文台正式成立了。

天文台成立后，海耳率领科研团队投入了对太阳的观测研究，就是在这里，他证明了太阳黑子是太阳强磁场的中心。这也是人类首次探测到地球以外的天体磁场。但是很快，海耳就嫌望远镜的口径太小。对天文学家来说，对望远镜口径的追求是无止境的，多大都嫌不够。

海耳除了做科研是一把好手外，还有另一项天赋，即他拉赞助同样是一把好手。他很快就说服了当地富商为天文台捐钱。1908 年，威尔逊山天文台建成了当时世界上最大的天文望远镜。

1908 年时世界上最大的约 1.5 米（60 英寸）口径天文望远镜
（来源：CC0 Public Domain）

有了这台世界上最先进的望远镜，威尔逊山天文台一下子成了香饽饽。世界各地的研究者慕名而来。其中就包括传奇天文学家哈勃。

哈勃早年在叶凯士天文台做研究，自从海耳把望远镜搬到了威尔逊山，又建成了新的大望远镜，他就成了威尔逊山的常客。哈勃是一个精力无限的年轻人，不但在芝加哥大学双修天文学和数学，还热爱拳击。研究生毕业时，他可以选择天文学或者数学，也可以选择成为一名职业拳击手。不过，最终哈勃还是投身天文学事业，这是天文学爱好者们的幸运。

在哈勃开始投身天文学的时代，学界的主流观点认为，银河系就是整个宇宙，宇宙的大小就是银河系的直径，所有的天体要么靠近银河系中心，要么跟我

埃德温·哈勃
（来源：depositphotos）

们的太阳系一样，处在银河系的边缘。

不过，也存在一些不同的声音。其实早在 17 世纪，天文学家们就发现了夜空中有一种螺旋形的星云。今天我们每个天文爱好者都知道这些星云其实就是一个星系，但早期的天文学家不可能轻易想到这些在望远镜中看上去像一片雪花般的星云其实是一个星系。等到天文学家们发现银河系的形状是螺旋形之后，才开始有一些人怀疑那些螺旋形的星云会不会也是一个跟银河系一样的星系呢！

20 世纪初叶凯士天文台就已经拍摄到仙女座星云图（来源：NASA）

假如这种观点是正确的，那就是说，我们的宇宙并不是只有银河系，在银河系之外还有星系，这就等于颠覆了人类的宇宙观，是了不起的大事。但问题是，非同寻常的主张需要非同寻常的证据，光有大胆的猜想是不够的，科学结论需要的是证据。

历史把解决这个问题的重任交到了哈勃手里。到底该如何找到证据呢？这个问题困扰着哈勃。

哈勃采用的方法是光谱分析。夜空中的每一个亮点，经过光栅设备的分光后，就会呈现出一条彩色的光谱。哈勃尽可能地收集来自各个星云的光谱，并作详细的分析。他发现仙女座星云的光谱与太阳的光谱非常相似，具有恒星的性质。实际上，早在 1864 年，英国天文学家威廉·哈金斯（William Huggins，1824—1910）就获得过同样的发现，只是，当时的设备比较简陋，数据不够精确。这一次，海耳验证了哈勃的数据，他们确信，仙女座星云是由无数颗发光的恒星构成的。哈勃还利用威尔逊山天文台的超级望远镜，拍下了仙女座星云的照片。

问题并未就此解决，证明仙女座星云是由恒星构成的，并不能证明它就是银河系之外的另一个星系。因为银河系中本来就包含大量的星团，发现星团并不算是特别重大的发现。对于哈勃来说，弄清楚仙女座星云的距离才是关键。但就当时的条件来说，想要确定夜空中一个暗弱的光点到底离地球有多远，是一个几乎让人束手无策的难题。

1910 年 8 月威尔逊山天文台拍摄到的三角座星系图（来源：威尔逊山天文台）

唯一有望解决这个难题的路径只有一个，那就是，建造更大口径的望远镜，越大越好。

于是，海耳又出马了，他拉赞助的天赋再一次展现。他设法把著名的慈善家、钢铁大王，当时世界排名第二的富翁安德鲁·卡耐基（Andrew Carnegie，1835—1919）邀请到了威尔逊山天文台，然后给卡耐基进行科普。终于卡耐基被他说激动了，他爽快地答应捐出1 000 万美元，这在当时绝对是一笔天文数字的巨款。有时候科普对科研真的会起到关键性作用，这也是美国所有科研机构都特别重视科普的原因，因为通过科普能募集到钱啊。

就这样，有了钱，很多事就好办了。1917年11月1日，一台全世界最大口径的望远镜落成了。英国诗人阿尔弗雷德·诺耶斯（Alfred Noyes, 1880—1958）为了纪念这个时刻，在他的史诗《天空的守望者》中写道：

......

天空的探索者，科学的先驱，

现在准备再次进击黑暗，

并赢得新的世界。

这台望远镜就是后来名震天下的胡克望远镜。有了它，哈勃如虎添翼，终于找到了破解测量仙女座星云距离的办法。

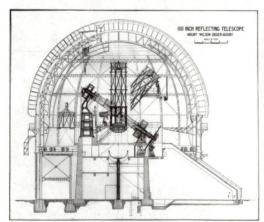

胡克望远镜（来源：卡耐基公共图书馆）

哈勃记录下仙女座星云 M31 恒星的玻璃板复制品（来源：NASA）

在夜空中，有一种称为造父变星的恒星，它是一种亮度会发生周期性变化的变光恒星，造父变星的绝对光度与变光周期之间存在固定的关系，这就意味着这种恒星可以成为宇宙中的"标准烛光"。光的亮度与距离的平方成反比，如果光源的绝对光度是已知的，那么测量出视亮度就等于测量出了距离。

哈勃用超级胡克望远镜拍摄了大量的仙女座星云照片，他从中发现了 34 颗造父变星。然后他用了两年多的时间耐心地绘制这些造父变星的光变周期曲线，计算出了这些造父变星的绝对光度。他再根据它们在望远镜中的视亮度，就可以计算出这些造父变星与地球之间的距离了。

根据哈勃当时的计算，仙女座星云离我们的距离约 93 万光年（目前最新的数据是 254 万光年），远远超出了银河系的直径。仙女座星云显然不是我们银河系的成员。

1925 年，哈勃在美国天文学界的一个会议上公布了这个结果，引起了轰动。哈勃的数据极为精确，证据充分，很快就得到了公认。他几乎以一己之力拓展了人类对宇宙的认知。

此时的哈勃和威尔逊山天文台，名声大噪，俨然就是天文学研究的引领者。而哈勃也没有停下研究的脚步，他将胡克望远镜持续对准那些遥远的星系，一个更加惊人的宇宙奥秘即将被他发现。

哈勃操控胡克望远镜
（来源：CC0 Public Domain）

哈勃经过持续的跟踪观测计算发现，除了仙女座星系以外，几乎所有的星系都在远离我们而去，这种现象称为星系退行。哈勃在计算并汇总了所有星系退行的速度后，得出结论，一个星系退行的速度与距离的比值，是一个常数。也就是说，星系都在远离我们，并且离我们越远，退行得越快。这就是大名鼎鼎的哈勃－勒梅特定律。

除了用宇宙正在膨胀来解释这个现象，实在找不出第二个更合理的解释了。哈勃的

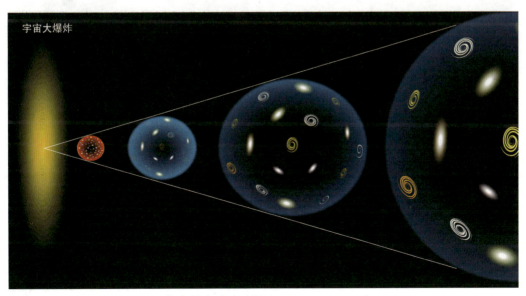

膨胀的宇宙（来源：depositphotos）

结论一经发布，就如同捅了"马蜂窝"，整个天文学界都炸开了。今天我们都知道，宇宙膨胀理论已经得到科学界的公认。然而在当时，宇宙膨胀那绝对是一个令人震惊的观点。远在地球另一端的爱因斯坦，在听到这个消息后，也是无比震惊，他坐不住了，一定要前往美国拜会哈勃。

令爱因斯坦震惊是有理由的。早在 1916 年，爱因斯坦提出广义相对论的时候，他就发现，广义相对论方程导出了一个推论，表明宇宙是动态的，要么膨胀，要么收缩，但问题是，这个推论违反了爱因斯坦的直觉。直觉和朴素宇宙观令爱因斯坦坚信，宇宙应该是稳恒态，不可能忽大忽小，一定是自己的方程中少了点什么。于是，纠结再三，他给广义相对论方程加了一个常数，这个常数称为"宇宙学常数"，以维持宇宙的稳恒态。

现在，哈勃居然发现，宇宙真的不是稳恒态的，宇宙正在膨胀，这就让爱因斯坦感到无比震惊，他一定要亲自去拜会哈勃，求证一番。

1931 年 1 月 29 日清晨，加州温暖的海风吹走了冬日的寒冷，哈勃和妻子如约驾车接爱因斯坦参观威尔逊山天文台。在路上，爱因斯坦发自内心地对哈勃妻子说："您丈夫的工作极其出色。"在天文台，爱因斯坦像孩子一样对庞大的望远镜爱不释手、流连忘返。当工作人员向爱因斯坦介绍望远镜时，爱因斯坦看着哈勃，微笑着对所有人说："哈勃用这台望远镜证实了我的预言。"

爱因斯坦参观威尔逊山天文台（左图，来源：CC0 Public Domain）
爱因斯坦（左二）与哈勃（右一）合影（右图，来源：CC0 Public Domain）

被爱因斯坦接受并认可，让威尔逊山天文台和哈勃声名鹊起。哈勃获得了除诺贝尔奖以外的所有的科学界大奖。因为在哈勃那个年代，诺贝尔奖还没有颁发给天文学领域的先例，当时的科学界还没有把天文学和物理学看成是同一个科研领域。否则，哈勃获得诺贝尔物理学奖是众望所归。

　　哈勃在威尔逊山天文台作出的成就在人类认识宇宙的历史进程中具有丰碑意义，这些成就令哈勃和威尔逊山天文台被永远写进了天文学史中。如果说，哈勃是为人类开启了一盏照亮宇宙的明灯，指引人类朝着正确的方向探索宇宙，那么威尔逊山天文台，就可以说是灯塔。

1931 年哈勃在检测一张星系图（来源：CC0 Public Domain）

　　威尔逊山天文台从建成起，就拥有世界先进水平的天文望远镜。1969 年，为纪念海耳，威尔逊山天文台和帕洛马山天文台合并成为海耳天文台。1986 年，威尔逊山天文台的胡克望远镜完成了它的历史使命，正式停用。

　　1992 年，随着科技的进步，人们为胡克望远镜安装了自适应光学系统，使这位功勋卓越的"战将"恢复了活力，重新被启用。在此后数年中，该望远镜依然是世界各地的天文工作者探索宇宙的重要工具。

　　直到今天，威尔逊山天文台仍然是知名的天文学地标，每年数以万计的参观者慕名而来，他们像朝圣一样，来参观这座带领人类改变宇宙观的天文台。

　　我想，人类的终极问题，恐怕就是：宇宙到底是什么？没有问题能比这个问题更大。就尺度而言，人类与宇宙相比，简直无法用任何形容词来描述它们之间的差异。但就是

人们在威尔逊山天文台举行音乐会（来源：威尔逊山天文台）

在宇宙面前如此渺小的人类，却能找到窥探宇宙全貌的方法，实在是令人惊叹。哈勃在威尔逊山天文台留下的传奇故事，是人类文明认识宇宙全貌的开端，它让我们深刻体会到，科学如何用证据说话。在证据面前，即使像爱因斯坦这样的大科学家，也必须服气。因为证据是一切正确答案的前提。

帕克斯望远镜：
"一颗星"比一个星系还亮

1969 年 7 月 21 日，一场罕见的暴风袭击了澳大利亚东南部的帕克斯小镇。这里已经很久没有下雨了。110 千米 / 时的暴风卷起了地面干燥的沙尘，形成了遮天蔽日的沙尘暴，把正午时分的帕克斯小镇笼罩得如同黑夜一般。

在整个帕克斯小镇里，最高大的建筑物，莫过于一台 64 米口径的射电望远镜，这就是以小镇名字命名的帕克斯射电望远镜。

此时，这台望远镜的蝶形天线正在狂风中摇曳，发出恐怖的吱嘎声。

在巨大天线底部的控制室内，5 名天文学家正严阵以待。他们不仅要想办法确保射电望远镜的安全，还要准备完成一件从来没有人完成过的任务——完成一次登月直播。

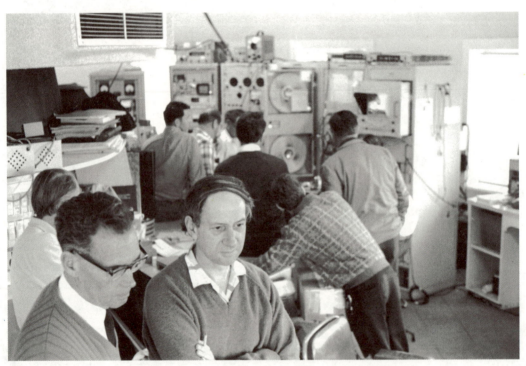

1969 年登月直播的帕克斯控制室（来源：CSIRO）

"月亮还要一小时才能升起来，如果到那个时候风还没有停，直播就泡汤了。"负责操控望远镜的人，名叫尼尔·福克斯·梅森（Neil Fox Mason），此刻的他神情严肃，目不斜视。

狂风从东边吹来，那正是月亮升起的方向。把直径 64 米的大伞正对着 12 级的狂风，后果可想而知。但是，在 38 万千米外的月球上，宇航员阿姆斯特朗已经穿好了宇航服，正准备给太空舱减压。

"这是人类的里程碑。无论如何，我们都要尽力完成这次任务。"说话的是帕克斯天文台主任约翰·博尔顿（John Bolton, 1922—1993），正是他与美国宇航局（又称美国国家航空航天局或美国太空总署，简称 NASA）签下合同，坚定地支持了登月直播计划。

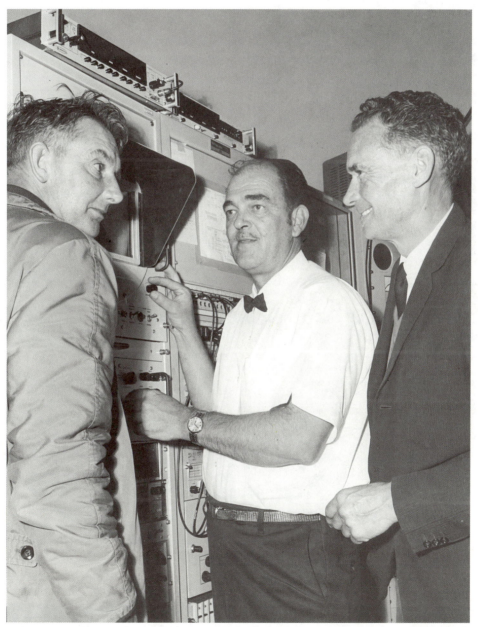

帕克斯控制室从左到右：约翰·博尔顿（帕克斯天文台主任）、罗伯特·泰勒（美国宇航局）和塔菲·鲍文（CSIRO 放射物理部主任）（来源：CSIRO）

1969 年直播时的帕克斯望远镜（来源：CSIRO）

当月亮在地平线上缓缓升起时，风力减弱了一些，但仍然不符合望远镜的安全运行标准。巨大的天线缓缓转向东方，向全球6亿人开始了具有历史意义的直播。

当时控制室内显示器上的月球漫步的画面
（来源：CSIRO）

其实，负责直播的射电望远镜并不只有帕克斯射电望远镜，位于美国加州的戈德斯通深空通信中心和位于堪培拉的金银花溪射电望远镜也参与了任务。但是，帕克斯望远镜提供的直播信号质量远远超越了另外两个跟踪站，这让美国宇航局全程都使用了帕克斯提供的直播信号。

戈德斯通深空通信中心70米口径射电望远镜（来源：NASA）

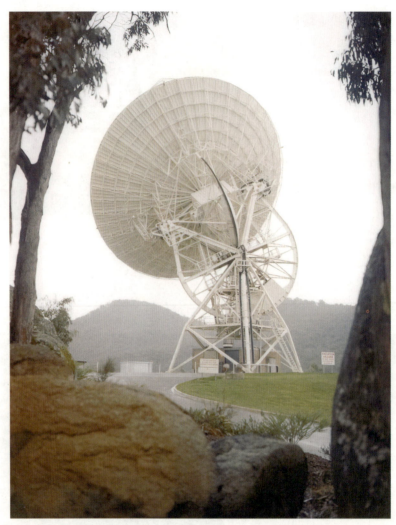

金银花溪射电望远镜（来源：澳大利亚国家博物馆）

　　20世纪六七十年代是美苏争霸时期，一讲到与太空探索有关的设备，普通人往往认为它们不是苏联的就是美国的，可能完全想不到是澳大利亚的。那么，这台帕克斯射电望远镜又是何方神圣，居然能在如此恶劣的风暴天气中，提供远超其他射电望远镜的清晰信号呢？这就是我要在这一章中给你讲述的故事。

　　第二次世界大战期间，雷达技术因战争的需要而得到快速发展。澳大利亚的雷达研究，开始于一个名叫无线电物理实验室的机构。

　　当时，澳大利亚联邦科学研究局建立了这家机构，秘密进行雷达研究。到了20世纪50年代初，无线电物理实验室已经发展成为最大、最多样化和最成功的研究机构。这也是澳大利亚的科研机构唯一一次在新学科中实现领跑。

早期的简易天线（来源：CSIRO）

在那个时代，雷达与射电望远镜，几乎就是同义词。最初的射电望远镜，也常常直接使用从废旧雷达上拆下来的旧零件。这些临时拼凑的射电望远镜虽然粗糙，却成功发现了银河系之外的大量射电源，它们为大望远镜的设计制造提供了非常宝贵的经验。

塔菲·鲍文（Taffy Bowen，1911—1991）是无线电物理实验室主任[1]。当年，他因发明了能安装在战斗机上的小型雷达而成为这个行业的顶级专家。但是，全世界的射电天

---

[1] https://www.abc.net.au/science/articles/2010/02/09/2814525.htm

文学都在发展。澳大利亚要想保住自己的领先地位，只靠这些拼凑出来的旧设备肯定是不行的。他们需要世界上最好的望远镜。

塔菲·鲍文在做雷达方面的演讲（来源：CC0 Public Domain）

不过，从事射电天文学研究与制造小型雷达最大的不同，就是不仅不赚钱，还要烧钱。目光短浅的澳大利亚政客，宁可花钱研究怎样剪羊毛，也不想把钱花在望远镜上。

好在塔菲·鲍文在美国科学界有很多影响力非凡的朋友。他利用个人关系和澳大利亚尚存的技术优势，说服了卡耐基公司和洛克菲勒基金会为澳大利亚的大望远镜投了一半的资金。来自美国的支持，让当时的总理罗伯特·孟席斯（Robert Menzies，1894—1978）勉为其难地批准了剩余的资金。

从 1954 年立项，到 1961 年 10 月 31 日落成，帕克斯射电望远镜的设计和建造整整花了 7 年时间。澳大利亚完全没有捐助科学设备的社会传统，帕克斯射电望远镜至今仍然是澳大利亚最伟大的科学工程。可以想象，在这 7 年里，这项工程遭遇了多少阻力和非议。但很快，它就用一个重大的发现来证明了自己的价值。

帕克斯施工现场（来源：CSIRO）

在帕克斯射电望远镜建成之前，人们已经发现了一种神秘的射电源。它们中的一些在可见光波段中也被探测到了。光学上它们呈现为天空中的一个点，所以它们不是星系。但利用光谱探测发现，它们拥有和普通恒星完全不同的光谱。人们为这类神秘的天体取名为类星体。就是说它们看上去像恒星，但似乎又不是。

研究神秘的类星体相当重要的一步，是把光学的源和射电的源在天空中精确对应上。因为光学望远镜一般分辨率更好，而且能看到的点源更多。所以射电望远镜给出的定位区域里，会有太多光学的可匹配选项，无法直接对应。找不出光学对应的源，也就没法进一步拍光谱来研究它们。

这时候一些天文学家想出了很妙的方法。虽然射电望远镜本身的空间分辨率不足，但是通过一些月球掩食类星体的过程，可以计算出它们更准确的位置。因为月球的运动是非常有规律的，而类星体在天球上的位置相当于静止。计算遮掩的时间差，再根据月球当时的位置就能反推出这些类星体的位置。

1962 年，两位天文学家西里尔·哈泽德（Cyril Hazard）和约翰·博尔顿，利用帕克斯射电望远镜，观测了类星体 3C 273 的 5 次月球掩食过程。由此给出了一个极小的定位区域。

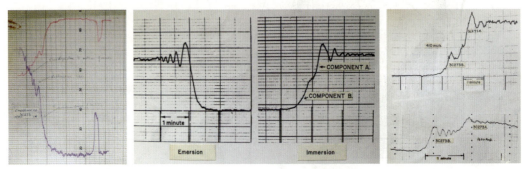

记录类星体 3C 273 的 5 次月球掩食过程的手稿（来源：CSIRO）

另一位天文学家马丁·施密特（Maarten Schmidt）使用这个坐标，成功地找到了 3C 273 的光学对应体，并测量了它的光谱。

马丁·施密特用这台显微镜研究了类星体光谱（来源：美国加州理工学院）

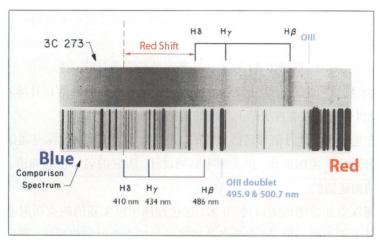

马丁·施密特用来确定 3C 273 红移的光谱（来源：CSIRO）

正如人们之前发现的，这些天体的光谱与恒星截然不同。施密特面对 3C 273 令人迷惑的光谱而陷入沉思。天体的光谱中常常会出现不同元素的发射线，谱线信息就像是天体的身份证。但 3C 273 的谱线看起来却难以分析出它来自什么元素。

深思熟虑后，施密特大胆地提出，光谱中几条明显的发射线来自氢。这是其他人之前不太敢设想的，因为那意味着它的光谱存在 16% 的红移。红移主要是由宇宙膨胀造成的，星体距离地球越远，产生的红移现象就越明显。经过测算，能产生如此巨大的红移现象，意味着 3C 273 距离我们有 24 亿光年的距离！类星体一下子成了当时已知最遥远的天体。

距离还不是最让人吃惊的，这么遥远的距离，还能有如此清晰的信号传到地球，类星体中蕴含的巨大能量，让所有科学家都感到惊讶。这一发现立即轰动了科学界。类星体也因此被誉为 20 世纪天文学的四大发现之一。马丁·施密特也因这个成就而成为《时代》周刊的封面人物。而参与这一重大发现的帕克斯射电望远镜，当时才是一个只有一岁的"婴儿"。

帕克斯射电望远镜的设计非常成功，

1966 年马丁·施密特登上《时代》周刊封面
（来源:《时代》档案）

这也让它成为后续研制望远镜时争相学习和复制的对象。不过，虽然帕克斯射电望远镜一直在被模仿，却从未被超越。

1969年7月16日，阿波罗11号载着三名宇航员飞向月球。

4天后，宇航员阿姆斯特朗和奥尔德林驾驶着鹰号登月舱降落在月球表面，他们将在这里，向全世界直播人类首次踏上月球的震撼画面。

一马当先地承担了地月信号转播重任的，是一台名为戈德斯通深空通信望远镜的设备。这台望远镜位于美国加州，由美国宇航局设计，听它的名字也能知道，它就是为了进行太空通信而建造的。

戈德斯通深空通信望远镜口径70米，比已经属于巨无霸的帕克斯射电望远镜的接收面积还足足大了20%。但是，作为备选转播站的帕克斯射电望远镜，即便面对着沙尘暴的袭击，仍然在信号质量上完胜了位于美国加州的对手。这正是本章开篇时所讲述的故事。

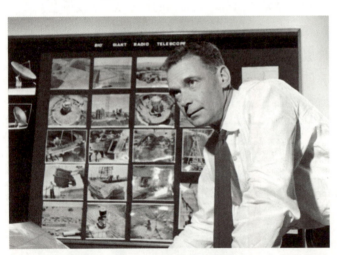

塔菲·鲍文指挥建设帕克斯（来源：CSIRO）

帕克斯射电望远镜能战胜比它口径更大的对手，其原因与它具有的更加灵敏的接收机是分不开的。由于拥有小型高精度雷达的设计经验，帕克斯射电望远镜的设计者塔菲·鲍文非常重视接收机的灵敏度，这也成为帕克斯射电望远镜谱写不老神话的关键。

后来，帕克斯射电望远镜又多次参与了航天项目，其中就包括著名的伽利略号木星探测任务和卡西尼号土星探测任务。

除了服务宇航，帕克斯射电望远镜重点观测的一类天体是脉冲星。

如果黑洞是宇宙中怪物排行榜第一的天体，那么中子星可能就排在第二。当一颗恒星内部几乎所有的原子都在超新星爆炸中塌缩，外层的电子与核内的质子合成中子，原本相距遥远的原子核突然挤到了一起，这时，一个太阳质量的物体，就会变成一颗直径只有十千米的中子星。在这样的密度下，一勺子的物质就相当于地球上一座山的质量。如此小的尺寸可以让中子星以秒为单位高速转动，并爆发出以自转为周期的稳定脉冲辐射，所以，它们中的一些得名"脉冲星"。

中子星的环境非常极端，有关它们的一切都令天文学家着迷。帕克斯射电望远镜在这一领域中功勋卓著。截至目前，人类一共探测到约三千颗脉冲星。其中近三分之二是帕克斯射电望远镜探测到的！

读到这里你应同意，帕克斯射电望远镜是一位功勋累累的科学"老兵"了。但我们知道，岁月从来不对老兵宽容。

2001 年，帕克斯射电望远镜即将迎来它 40 岁的生日。40 年的风吹雨打，让它巨大的网状碟形反射面锈迹斑斑，完全失去了当初的光泽。支撑巨大天线的橙红色塔座，就像一个伫立在平原上的老磨坊，在经历了时间的洗礼后，已经失去了当年的时尚和科幻的视觉感受。

不过，这一切都是假象。表面的锈迹不会明显影响它的工作，它并没有变得迟钝；相反，与 40 年前一样，此时的帕克斯射电望远镜正陪伴着天文学家，聆听着来自宇宙深处的信息。

帕克斯表面已有锈迹（来源：CSIRO）

付出总有回报，2001 年 7 月 24 日这一天，一个惊人的天体信号被帕克斯射电望远镜捕捉并记录了下来。这个信号只有短短的几毫秒，短到当天使用帕克斯射电望远镜的科学家也没有意识到它的重要性。但它在 6 年后开启了天文学的一个全新领域，并从多个角度推进我们对宇宙的认知。

2007 年，天文学家邓肯·洛里默（Duncan Lorimer）在对 6 年前的数据进行重新搜寻时，发现了一个之前从未见过的信号。

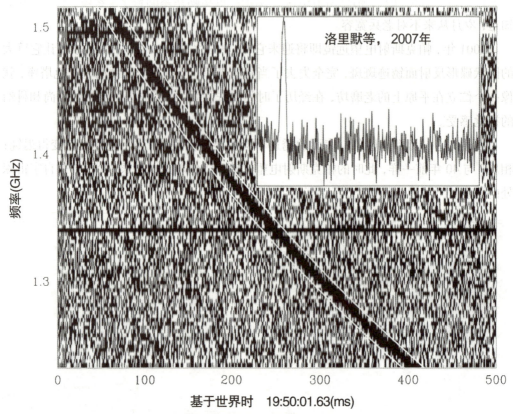

洛里默发现的信号（来源：CSIRO）

这个信号和脉冲星的信号有很多相似之处，它们都是 G 赫兹频段的毫秒级脉冲。但两者之间也有不同。星际空间中的等离子体会让不同频率的电磁波略微偏离真空中的光速。这导致远处天体同时出发的不同频率的射电信号到达地球的时间不同。测量这个到达时间差，就可以反推这些信号穿过了多少等离子体，同时也意味着它们走过了多远的距离。

根据这个神秘信号推算出来的距离表明它不在我们的银河系内，这与之前的脉冲星完全不同。

我们所在的宇宙广袤无垠，星系在宇宙中往往距离遥远。如果我们把恒星比作湖里的鱼，那星系就是一个个大湖。湖与湖之间的距离，远大于湖中鱼与鱼之间的距离。所以，和类星体一样，一旦天文学家发现它们和我们不在一个星系，就同时意味着它们拥有遥远的距离和极高的能量。因此天文学家形象地给这类现象取名为"快速射电暴"。

2007 年，帕克斯射电望远镜已不再像当年那样傲视群雄般存在了，在建成的四十多年的时间里，很多新的竞争者登上了舞台。帕克斯射电望远镜的这个新发现没有立刻被学界接受。当然，孤证不立也是科学界的惯例。可接下来更雪上加霜的是，似乎一些人为的信号也能"长得"和快速射电暴一样。随后的研究发现，这些人为信号来自观测站内的微波炉。一时间，快速射电暴受到了更多的质疑。

6 年后的 2013 年，还是帕克斯射电望远镜，另一批天文学家通过它发现了 4 个新的快速射电暴，并且排除了微波炉的干扰。终于确定了快速射电暴的真实性。从那以后，有关快速射电暴的研究迅速发展起来。大量的设备和科研人员投入这一领域，如今已取得了大量令人欣喜的发现。

而且快速射电暴遥远的距离，短暂而明亮的爆发，加之超高的事件率，让天文学家们不但对快速射电暴产生兴趣，也对把它作为探测宇宙的工具充满了期待。

目前，围绕快速射电暴还有很多谜团。未来我们一定会听到在快速射电暴领域中带来的更多惊喜。而这一切突破都始于帕克斯射电望远镜。

转眼又十多年过去了，如今帕克斯射电望远镜年过花甲，已被澳大利亚列入国家遗产名录。但它每天的工作表依然排得满满当当。它现在的观测任务中除了脉冲星、快速射电暴，还有利用脉冲星探测引力波、搜寻地外文明信号等。每一项工作，都让人充满期待。

帕克斯 1961 vs 2021（来源：CSIRO）

这不禁让人感到好奇，为什么战斗了 60 年，帕克斯射电望远镜仍然能站在科研的第一线呢？

其实，原因前面已经说过，那就是它有灵敏的接收机。

与光学望远镜的感光芯片类似，接收机就是射电望远镜的视网膜。巨大光滑的反射面固然重要，但反射面汇聚的信号，还要经过接收机才能收集起来。而接收机的灵敏程度，正是限制射电望远镜能力的瓶颈。

帕克斯射电望远镜的接收机，就安置在反射面前方 27 米处，三个支架支撑的焦点上。现在，帕克斯射电望远镜的馈源舱里，可以同时放置多个接收机，根据任务需求快速切换。为了减少热运动带来的噪声，这些灵敏的接收机都在接近绝对零度的环境里工作。

2020 年为帕克斯射电望远镜安装相控阵馈源接收机（来源：CSIRO）

天文学家经常说，某个天体猛烈爆发，释放出巨大的能量，其实"猛烈"两字，说的只是天体所在的位置而已。那些巨大的能量在穿越茫茫宇宙的过程中会不断耗散，到达地球的时候，能量早已变得极其微弱。科研人员必须不断地推进灵敏度的极限，才能做到"于无声处听惊雷"。

有人计算过，帕克斯射电望远镜现在的灵敏度，是它刚建成时的一万倍。正是这种与时俱进，铸就了帕克斯射电望远镜的不老神话。

射电观测是不分昼夜的，所以除了检修，帕克斯射电望远镜几乎日夜不歇地凝视着宇宙。它多像人类文明中的一只深邃的"眼睛"。它跨越过世纪，越饱经风霜，越目光灼灼。

"大耳朵"望远镜：
疑似外星文明信号 Wow!

　　1977 年 8 月 19 日对很多美国人来说可能只是普通而又闷热的一天，但对杰里·埃曼（Jerry R. Ehman）[1]来说却相当不平凡[2]。这天傍晚，他忙完了自己的工作，泡了一杯咖啡，轻松自在地坐下来，拿起了一根长长的写满数据的纸带，饶有兴致地看了起来。他在检查由俄亥俄州立大学射电望远镜，也就是那台被大家昵称为"大耳朵"的望远镜发来的数据。20 世纪 70 年代，观测数据不是呈现在屏幕上，而是打印在长长的纸带上。作为志愿者，分析一张又一张纸带上的数据，已经成为埃曼生活的一部分。然而，在绝大多数情况下，纸带上的字符就像它们所呈现的内容一样，密密麻麻却毫无意义，除了背景噪声以外什么也没有。

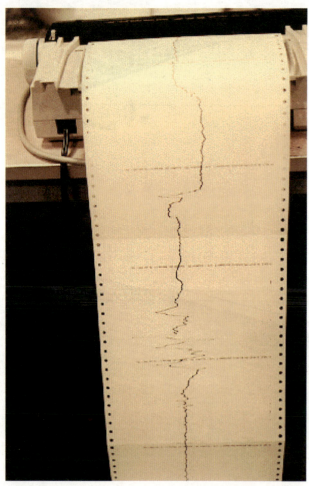

　　埃曼已经记不清这是他看过的第多少根纸带，突然，一串字符映入他的眼帘，睁大眼睛再次确认他所看到的之后，他忍不住发出一声惊叫"Wow！"。

　　这根纸带上记录着三天前，也就是 1977 年 8 月 15 日望远镜观测的数据，在 10 点 16 分的位置上有六个字符——6EQUJ5。这串字符在普通人眼里平淡无奇，可在埃曼眼中却极不寻常。他当时就愣在那里，脑海里翻腾起各种可能性，在所有可能性中，有一个可能性最小却蕴含最令人兴奋的念头。埃曼有点不敢把这个念头放大，但这个念头又不断从脑海深处翻腾起来，压都压不下去。那么，这串字符到底意味着什么呢？让我们先来了解一下这些字符的含义。

纸带记录仪与打印机连接，实时生成纸带（来源："大耳朵"官网）

［1］https://www.npr.org/sections/krulwich/2010/05/28/126510251/aliens-found-in-ohio-the-wow-signal
［2］http://www.bigear.org/Wow30th/wow30th.htm

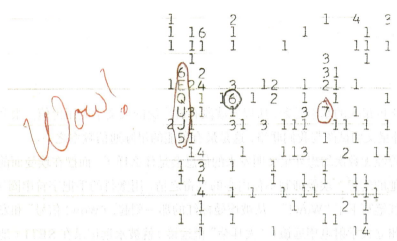

Wow! 信号（6EQUJ5）（来源：美国俄亥俄州立大学）

纸带上的字母和数字其实只有一个意思，就是信号的强度。强度最低的 1 表示背景底噪，强度 10 就用字母 A 表示，11 用 B 表示，以此类推，字母 Z 表示强度为 35。

在信号纸带上，强度达到 5 以上的信号就已经很罕见。在一片数字 1 和 2 的海洋中，突然出现了一串 6EQUJ5，显得异常"突兀"。要知道信号强度 U 表示比背景噪声高 30 个标准差，这也是该望远镜观测记录史上的最大值[1]。

6EQUJ5 由 6 个字符组成，每个字符表示的持续时间是 12 秒，总共 72 秒，但这并不意味着该信号只持续了 72 秒。望远镜固定在地面上随着地球自转，对一个来自地球以外的信号最多只能持续监听 72 秒。这串字符所对应的信号，强度变化是一个极为标准的倒钟形，这

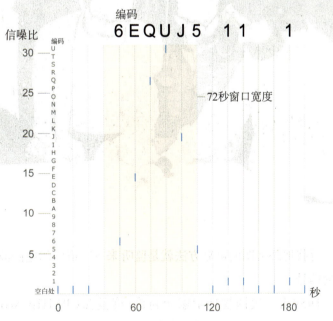

6EQUJ5 信号强度变化（来源：CC0 Public Domain）

***

[1] http://bigear.org/6equj5.htm

表明它应当来自地球之外。

还有一点需要说明，望远镜监听的频率是 1.42GHz。这个频率在天文学家看来，有着特殊的意义。它是由中性氢原子因能级变化而产生的电磁波谱线，因此称为"氢波段"（这个频率对应的波长是 21 厘米左右，所以氢波段也称为 21 厘米线）。由于氢元素是宇宙中丰度最大的基本元素，所以氢波段有着广泛的天文学应用价值。很多科学家相信，假如外星文明试图与我们联络，这是最有可能的星际通信频率之一。

埃曼曾经无数次幻想外星文明发来的信息会是什么样子，而摆在埃曼面前的这个信号正符合他的幻想。埃曼抑制不住内心的兴奋之情，用颤抖的手把字符串圈了起来，并在旁边用红笔写下了"Wow!"。从被埃曼标红的那一刻起，"Wow! 信号"和发现它的美国俄亥俄州立大学射电望远镜（"大耳朵"望远镜）就被永远记录在 SETI（地外文明搜寻）的历史中。

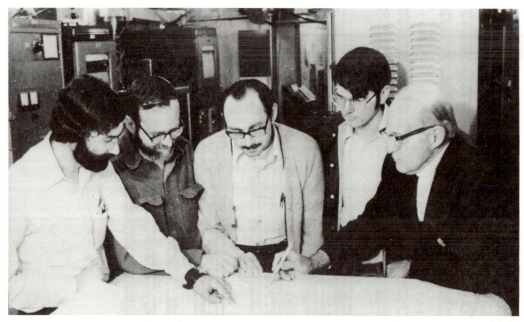

杰里·埃曼（左三）（来源："大耳朵"官网）

寻找地外文明的可靠方法就是监听来自宇宙中的电磁波，并从中寻找和发现智慧文明的信号。

1959 年，美国物理学家菲利普·莫里森（Philip Morrison）与朱塞佩·可可尼（Giuseppe Cocconi）在《自然》杂志上发表了一篇名为《星际通信探索》的文章，提出寻找外星文明的最佳频率是氢波段。

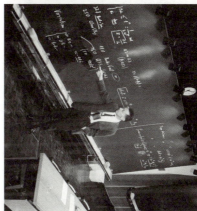

莫里森（左图）、可可尼（中图）与 1979 年为纪念这篇论文发表 20 周年的杂志封面（右图）（来源："大耳朵"官网）

人类历史上第一个寻找地外文明的正式计划是由美国著名天文学家法兰克·德雷克（Frank Drake, 1930—2022）组织实施的，称为"奥兹玛计划"。

1960 年 4 月的一天，德雷克将美国国家射电天文台新的 26 米口径望远镜对准了 10 光年之外的恒星天苑四，使用的频率正是 1.42GHz。没过几分钟，用来记录信号的装置就疯狂地在纸上划来划去，与望远镜相连的扬声器也发出一连串声响，德雷克吓呆了。

刚开始搜索就发现了如此强烈的信号，难道寻找外星人就这么简单吗？显然没有那么简单啊，没过几天天这个信号就被确认为来自一架飞机。后来的进一步调查发现，这其实是军方正在进行的秘密试验[1]。

在共计四个月大约 150 小时的间歇性观察过程中，除了那架引起误会的飞机，他没

年轻时的德雷克（来源：CC0 Public Domain）

[1] https://bolide.lamost.org/report/rep7.htm

有发现任何有价值的信号。奥兹玛计划虽然没有任何收获，但从此各种各样的 SETI 计划此起彼伏，从未停止过。

1971 年，美国宇航局资助了一项研究并形成了报告。报告提出了许多建设性意见，还建议建造一个具有 1 500 个碟形天线的射电望远镜阵列，称为"独眼巨人计划"。该计划后续以小规模的形式一直进行到 20 世纪 90 年代。

1973 年，美国俄亥俄州立大学提出了一项新的 SETI 计划，实施该计划的正是本章故事的主角——"大耳朵"射电望远镜。

第二次世界大战后，雷达技术的民用化带动了射电天空的蓬勃发展，一批大口径射电望远镜纷纷拔地而起，具有代表性的有：英国 76 米口径焦德尔班克射电望远镜，澳大利亚 64 米口径帕克斯射电望远镜与美国 305 米口径阿雷西博射电望远镜等。与它们相比，由俄亥俄州立大学的天文学家克劳斯设计建造的射电望远镜显得非常"小众"，它不像别的望远镜那样造价昂贵、技术复杂，而是采用了一种"简约而不简单、花小钱办大事"的建设思路。

英国 76 米口径焦德尔班克射电望远镜（左图，来源：英国曼彻斯特大学）
澳大利亚 64 米口径帕克斯射电望远镜（中图，来源：CSIRO）
美国 305 米口径阿雷西博射电望远镜（右图，来源：NSF）

1955 年，克劳斯提出了一种新颖的射电望远镜方案。它不像传统的射电望远镜那样采用旋转抛物面或球面作为接收器，可以指向天空的不同方向；而是以固定的抛物线状反射面作为天线，这样不仅制造起来容易，而且成本也控制得非常好。尽管抛物线状反射面不能移动，但通过另外一个可以调整方向的平面反射面，就足以让望远镜随着地球的自转观测北纬 63°到南纬 36°之间的广阔天空，月或低的成本实现了相当于 52.5 米口径球面的灵敏度。为了降低成本，建造过程中的很多工作都由克劳斯的学生免费帮忙完成，如望远镜模型的制作，钢梁形状的设计，焊接工序等，这也是他们只花了 25 万美元就能完工的原因[1]。

[1] http://www.bigear.org/kraus.htm

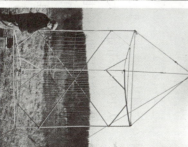

克劳斯在控制桌前（左图）克劳斯试验角反射器（右图）（来源：NAAPO）

1962 年望远镜建成，它的占地面积比三个足球场还大。这台望远镜的总体外观像一张高低床，由一张"床面"和高低两个"床头"构成。中间的床面部分长 152.4 米，宽 110.4 米，是由一块铝板与混凝土混合而成的平面，总体呈白色，它的主要作用是防止微弱的信号被地面吸收。在"床面"的两头竖着两个高低不同的"床头"，其中，高的一头长 103.6 米，高 30.68 米，与地面有一个大约 45 度的倾角，就像很多高低床的一头是倾斜的，方便靠背一样，它是一个平面反射面；低的一头长 110.4 米，高 21.3 米，是一个抛物线反射面。来自宇宙空间的射电信号先抵达平面反射面，后反射到对面的抛物线反射面上，再聚焦到旁边的喇叭镜源处，最后进行信号输出处理。从远处看，两个硕大的反射面特别像人的两只耳朵，因此很多人都亲切地把它称为"大耳朵"望远镜。

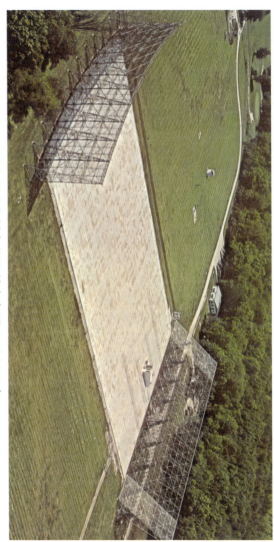

"大耳朵"射电望远镜（来源：NAAPO）

"大耳朵"射电望远镜从建成的那一刻开始就注定是忙碌的。起初它的主要任务是在射电波段进行巡天观测，1970年发表了一张包含近2万一射电源的星表，其中约有一半在之前从未被发现过，其中两个又是当时所知最近的天体。

从1973年开始，"大耳朵"射电望远镜把主要时间投入搜索地外文明信号。自然产生的电磁波波段和人造电磁波普遍有很宽的频率范围，而人造信号频率范围较窄。搜索地外文明信号任务主要在多个特定频段同时收集信息，1973年"大耳朵"射电望远镜采用8通道接收机，后来升级到50通道，20世纪90年代后更是提升到400万个通道[1]。

望远镜长年累月的观测产生了电源不断的数据，这些自动生成的数据需要用肉眼来观察和分析，经常是旧的数据没有分析好，新的数据又来了。从海量的数据中筛选有用的信息就比大海中捞针还难，在密密麻麻的纸带上找到可靠信号是一件费时、费力的工作，时间长了容易让人感到沮丧。因为每个人都明白，他们期待的是一件极小概率的事件。所以即使付出百分百的努力，也可能完全没有任何回报。更遗憾的是，从1972年开始，美国国家科学基金削减了"大耳朵"的预算，数据分析成了最大的瓶颈。不过，有许多志愿者在为"大耳朵"免费服务。

杰里·埃曼就是其中之一，他原本是俄亥俄州立大学的助理教授。预算被削减后，他的工作岗位也一同被削减了，不过他依然以志愿者的身份为"大耳朵"工作。1977年8月19日，当埃曼看到那串字符时，他内心无比激动，顺手就在纸带上写了个大大的感叹词"Wow!"（哇!）。就这样，这个信号从此就一直称为"Wow!信号"。

"Wow!信号"强度大、频带宽、观测频率为1.42GHz，符合科学家对地外文明信号的猜测，而且基本上可以断定它不是来自地球，不是来自人造卫星。它来自人马座M55球状星团的西北方向。

那么，"Wow!信号"到底是不是外星文明发来的问候呢？很遗憾，这个问题至今没有公认的答案。埃曼在随后的几个月中频繁使用"大耳朵"望远镜在同一个方向搜寻信号；1987年至1989年，科学家在橡树岭天文台使用META阵列进行搜索；1995年，美国国家射电天文台的12米口径射电望远镜也曾寻求答案；到了21世纪，强大的美国甚大阵射电望远镜（VLA）还进行了多次观测……无数科学家和天文爱好者在同一频率同一方向上进行了无数次尝试，但始终没有再次收到那个高强度的信号。

[1] 吴鑫基. 美国"大耳朵"射电望远镜——观天巨眼400年系列之二十四[J]. 太空探索，2004，02：39-41.

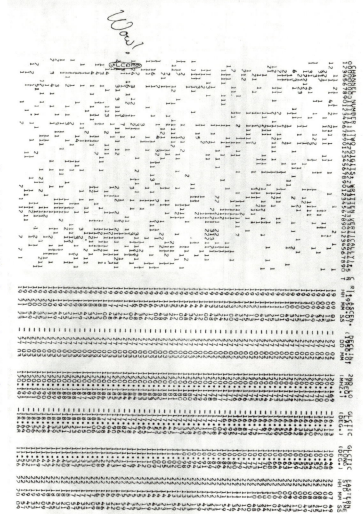

"Wow!信号"的原始纸带（来源："大耳朵"官网）

关于"Wow!信号"的来源有很多假设，比如埃曼自己曾经猜测，它是地球上的某个信号被地球近地轨道的碎片反射回来。但这个假设很难成立，因为氢波段是天文保护频率，人为制造的可能性本身就很小，再加上计算结果也不支持太空碎片能返回这样的信号。2017年，美国天文学家提出，是两颗彗星的中性氢原子云产生的信号，但这个假说也被其他天文学家驳回。

到目前为止，我们依然无法排除"Wow!信号"可能来自地外文明的假设。不过，在天文学研究中，对于来自地球以外的神秘信号，地外文明的解释只能排在最后一位。尽管我们希望人类不是宇宙中的"孤儿"，地球文明不是宇宙中唯一的智慧文明，但科学要求我们必须用最严苛的证据来对待最惊奇的结论，哪怕是每一个天文学家都渴望得到的结论。

有意思的是，伴随着"Wow!信号"的出名，那串6EQUJ5的字符串也意外走红，它成了具有象征意义的符号，流行歌曲的曲名，还成了我们的常用密码之一。

"大耳朵"望远镜因"Wow!信号"而备受关注，但我们也不能忘记在每个寂静的夜晚，勤劳的它都会竖起"耳朵"，仔细地聆听着来自宇宙的声音。作为吉尼斯世界纪录收

Popular tracks tagged #6EQUJ5

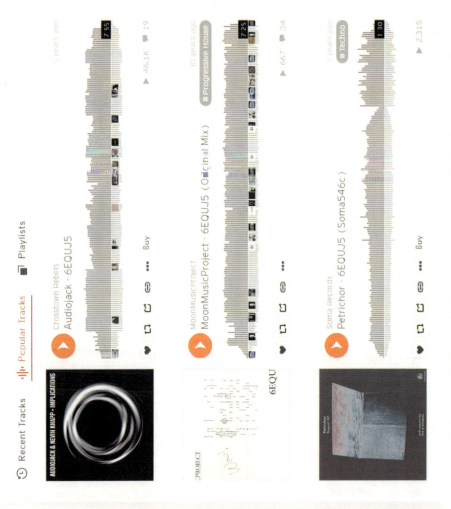

某流行音乐网站上标记为 6EQUJ5 的音乐（来源：SoundCloud）

录的"寻找外星智慧生命时间最长的望远镜"，它数十年如一日地勤劳工作，才换来了发现"Wow!信号"的高光时刻。1998 年，"大耳朵"射电望远镜被改造成高尔夫球场和住宅，原址被改造拆除，"大耳朵"为寻找地外文明所付出的努力不会被人类忘记。尽管地球很小，宇宙很大，但只要勇敢地尝试，努力地探索，我们就算得不到想要的答案，也一定会在这个过程中受益匪浅。

"大耳朵"望远镜:
疑似外星文明信号 Wow !

"大耳朵"被拆除前的照片(来源:"大耳朵"官网)

"大耳朵"拆除后的路牌(来源:"大耳朵"官网)

欧洲南方天文台：
光学望远镜的王者

阿塔卡马沙漠的山路（来源：ESO）

欧洲南方天文台：
光学望远镜的王者

1998 年 5 月 25 日[1]傍晚，一辆吉普车载着几名记者飞驰在一条笔直的公路上。公路两侧，就是一望无际的荒芜阿塔卡马沙漠。天边没有一丝云彩，太阳的余晖将西面的天空染成了从深蓝到紫红伍渐渐变色。

银河已经从天空显现出来，绚丽的星空比城里的街灯还亮。

记者赶到目的地时，天色三经全黑，但在欧洲南方天文台（简称"欧南台"）帕拉纳尔观测站的控制室里灯火通明。用工程师的话来说，这里从建成到现在，就从未有来过这么多人。

这里距离智利首都圣地亚哥，足足有 1 300 多千米。让记者千里迢迢赶来报道的，

[1] Madsen C. The jewel on the mountaintop: The European Southern Observatory through fifty years [M]. ESO, 2012. p. 15. Available at: https://www.eso.org/public/products/books/book_0050/.

041

正是欧南台甚大望远镜的首次测试。每个人都死死地盯着控制室里的主显示器，焦急地等待着测试结果。

1998 年帕拉纳尔观测站的控制室（来源：ESO）

突然，负责调试的工程师贾森·斯皮罗米利奥（Jason Spyromilio）像中了邪似的从椅子上跳了起来。项目负责人塔伦吉努力控制住自己的情绪，大声说出了屏幕上的数字："50！"

他所说的"50"，是指望远镜的观测分辨率达到了 50 毫角秒——这一成绩足以让甚大望远镜跻身世界最强望远镜的行列。

数据确认无误。整个控制室沸腾了。

斯皮罗米利奥（左）在控制室中紧盯着屏幕（来源：ESO）

两天后，欧南台的 8 个成员国同步举行了新闻发布会，会上公布了甚大望远镜拍摄的第一批照片。一时间，各国媒体都在争相报道这个爆炸性的消息，他们引用了欧南台总干事里卡尔多·贾科尼（Riccardo Giacconi）的那句话："这是世界天文史上伟大的一天。"

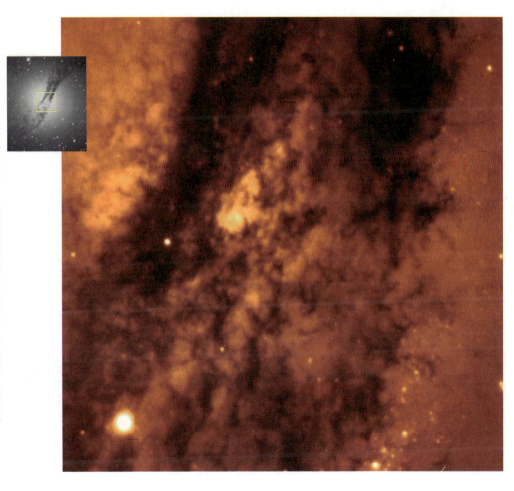

甚大望远镜 1998 年 5 月拍摄的半人马座 A（来源：ESO）

但是，甚大望远镜的新闻仅仅上了一天的热搜，就被另外一条天文学重磅新闻取代了。美国宇航局高调宣布，哈勃空间望远镜拍到了人类第一张系外行星照片[1]。

[1] Madsen C. The jewel on the mountaintop: The European Southern Observatory through fifty years [M]. ESO, 2012. p. 343. Available at: https://www.eso.org/public/products/books/book_0050/

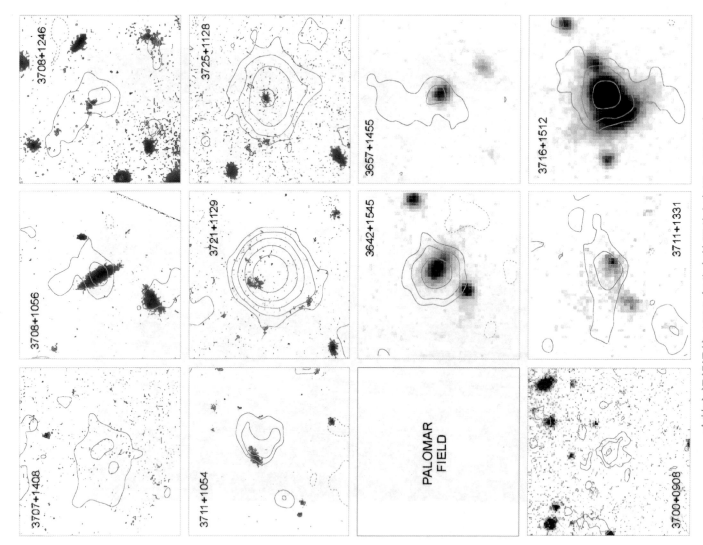

哈勃空间望远镜 1998 年公布的图片（来源：NRAO）

不过，美国宇航局的发现王属重磅，却没有经过同行评议，很快美国宇航局就主动承认，所谓的系外行星，不过是背景星空中较暗的恒星而已。不管美国宇航局是否故意为之，这种争抢新闻热点欣喜参劫的举动，还是让天文爱好者酝酿了浓浓的火药气息。

那么，欧南台的甚大望远镜到底是不是世界上心生映妙？想知道这个问题的答案　我们就从欧南台诞生那天开始讲起。

自从伽利略略造出第一台天文望远镜，之后将近 300 年的时间里，欧洲都是世界天文学研究当之无愧的中心。借助越来越先进的观测工具，欧洲涌现出一批又一批杰出的天文学家，取得了举世瞩目的远就。

但是，两次世界大战，让大半个地球一夜暴富，而身为主战场的欧洲却干疮百孔。美国先后斥资建造了世界上最大的胡克望远镜和海耳望远镜，顺利地超越欧洲，坐上了世界天文学研究的头把交椅。

欧洲的天文学家，做梦都想我回昔日的荣耀。

1954 年 1 月 26 日，12 名欧洲天文学家，在荷兰的莱顿大学签署联合声明，正式把建设欧南台提上议事日程，这就是著名的《莱顿宣言》[1]。

当时，大型天文台主要都集中在北半球，人类对南半球天空的观测相对不足。而无论是银河系中心，还是与太阳系最近的恒星，都处在南天区。所以，他们就希望整合欧洲国家的力量，一起在南半球建立一座顶级天文台——欧南台。

所以，欧南台成立之初，目标就是顶级天文台，而它的对手，毫无疑问就在美国。

世界第一可不是靠嘴说的。要想建设一座顶级天文台，首先，它的选址也是考察天文顶级地面天文台，对自然条件要求极其苛刻。首先，晴朗的夜晚越多越好。稠密的大气及大气中的水分子，都会造成光线的衰减，所以天文台的选址越高越好。

为了保障充足的观测时间，晴朗的夜晚必须多多益善。为了减少大气的光污染，距离城市越远越好。除了这些，空气中水分的扰动也会扭曲星光，导致星光扭曲，就好像水中望月，水面越平静看得越清楚，这就是所谓的视宁度。视宁度也是考察天文台选址的重要指标。

为了找到一个理想的台址，科学家从 1955 年开始，整整花了 9 年时间，跑遍了整个南半球的高原和沙漠。他们常常两个人一组开着一辆载着设备的汽车，在地球上最恶劣的环境里餐风露宿。

1962 年 11 月 [2]，他们来到了智利北部的阿塔卡马沙漠。经过一番测试后，他们惊

[1] https://www.eso.org/public/images/eso_statement_26-01-54/
[2] https://www.eso.org/public/abcu-eso/timeline/

讶地发现，这里的气候条件远胜于已经选址的南非卡鲁沙漠，简直就是为天文观测量身定制的圣地。

阿塔卡马沙漠（来源：depositphotos）

阿塔卡马沙漠极度干旱，一年中晴朗夜晚的天数惊人地超过了 300 天。这里没有土壤，只有砂石，连最原始的单细胞生物都难以生存[1]。如果不考虑天空的颜色，这里的环境看起来与火星十分相似。

在这种地方，矿产资源就是唯一的财富。在确认周围没有什么有价值的矿产资源后，1964 年 5 月[2]，智利政府爽快地把一个海拔 2 400 米、名叫西亚的山头，和周围

[1] https://www.science.org/doi/full/10.1126/science.1089143
[2] https://www.eso.org/public/images/la/

欧洲南方天文台：
光学望远镜的王者

627 平方千米的土地卖给了欧南台，最后只象征性地收取了 8 000 美元。就算考虑通货膨胀的因素，折算成现在的币值，也不过区区 10 万美元而已。

1965 年的拉西亚山头（来源：ESO）

1966 年，欧南台的拉西亚正观测站终于迎来了第一台望远镜。那是一台口径 1.04 米的反射式望远镜。直到今天，这台望远镜仍然被当作光度望远镜，工作在天文学研究的第一线。

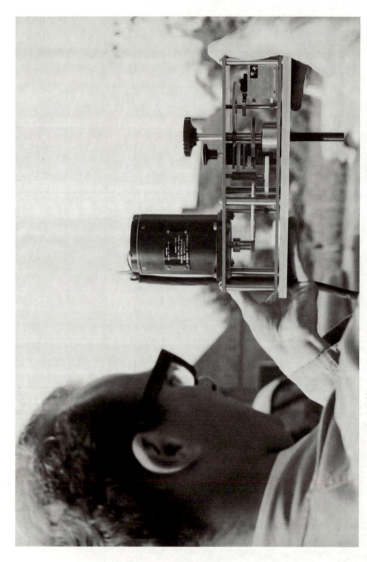

1966 年工作人员安装 1.04 米的反射式望远镜（来源：ESO）

再往后，拉西亚观测站的望远镜建设开始陡然加速。到现在，拉西亚观测站已经累计建造了将近 30 台天文望远镜[1]，获得了"望远镜公园"的美称。

其中最著名的，还要数 1976 年建成的 3.6 米望远镜[2]和 1989 年建成的 3.58 米新技术望远镜[3]。

3.6 米望远镜是欧南台为跻身世界一流而建造的第一台大型望远镜。当时，世界上最大的光学望远镜是 1948 年美国在帕洛玛天文台建成的海耳望远镜，口径达 5.08 米。

[1] https://www.eso.org/public/teles-instr/lasilla/
[2] https://www.eso.org/public/teles-instr/lasilla/36/
[3] https://www.eso.org/public/teles-instr/lasilla/ntt/

光学望远镜的王者：
欧洲南方天文台

欧南台 3.6 米望远镜（来源：ESO）

美国海耳望远镜（来源：NASA）

欧南台的 3.6 米望远镜从人民计到建成足足花了 20 多年的时间，虽然距离世界最大尚有差距，但也混进了顶级望远镜的俱乐部。一时间，欧洲各国的科学家纷纷提交观测申请，3.6 米望远镜很快变得"一夜难求"。

成员国多了，资金同样得到了缓解，但现有的望远镜却更加紧张了。一些成员国甚至把其他天文台的设备搬下来，安装到应西亚观测站，来缓解压力。

有天文学家提议，欧南台应该投资造一台口径更大更先进的望远镜，最好直接超越美国的海尔望远镜，成为世界第一。

但是，大望远镜可不是有钱就能造的。因为阻得大望远镜造的不是人力和财力问题，而是无处不在的重力。

重力会使望远镜的镜面发生轻微的变化，对小口径望远镜来说还不算严重。但是，随着镜片的加入，这种形变的影响会变得越来越大，当镜片变得更大也无法提高观测精度时，就会到了望远镜的极限。

为了减少重力对镜片在影响，工程师不得不把主镜造得越来越厚，进而使建造成本成倍增加。在合理的预算之下，5 米口径几乎是光学望远镜的极限。

不过，有需求就会有人想办法。1982 年，欧南台的工程师雷蒙德·威尔逊（Raymond Wilson, 1928—2018）首次提出主动光学技术，原理是在望远镜镜面下方安装一种支撑装置，当镜面发生形变时，这些装置可以进行实时检测和校正，从而抵消重力的影响。也就是说，望远镜可以自我调整以保持时刻处于最佳状态。

但是，很多人并不看好这项技术，因为在当时的自动化技术水平条件下，要实现望远镜实时、自动的检测和调整，是非常困难的。难怪一位著名的美国天文学家说，威尔逊是在"痴人说梦"[1]。

雷蒙德·威尔逊与新技术望远镜(来源:ESO)

但威尔逊并没有知难而退。经过数年的实验、测试、改进,他终于帮助欧南台建成了世界上第一台应用主动光学技术的望远镜——新技术望远镜。它的口径是3.58米,眼之前的3.6米口径望远镜相比,主镜质量降低了一半[2],造价只需要原来的三分之一,但分辨率提升到原来的3倍[3]!

那一年,新技术望远镜众望所归地登上了《天空与望远镜》杂志的封面。封面文章盛赞说:"这是迄今为止最好的望远镜。"

面对美国,欧洲终于在望远镜制造技术上扳回了一局。

新技术望远镜的成功,完美地诠释了技术创新在天文观测中的重要性。

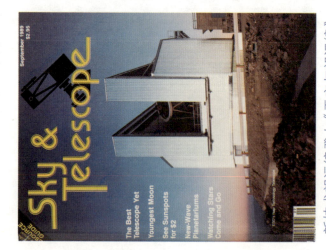

新技术望远镜登上《天空与望远镜》的杂志封面(来源:ESO)

[1] https://www.eso.org/sci/publications/messenger/archive/no.113-sep03/messenger-no113-2-9.pdf
[2] https://www.eso.org/public/teles-instr/technology/active_optics/
[3] Madsen C. The jewel on the mountaintop: The European Southern Observatory through fifty years [M]. ESO, 2012. p. 192. Available at: https://www.eso.org/public/products/books/book_0050/

现在，主动光学技术已经成为全世界所有大型望远镜的标配，而威尔逊也因他对大型望远镜发展作出的卓越贡献，获得了2010年卡弗里天体物理学奖[1]。

如果回顾20世纪天文望远镜的发展史，我们发现一个有趣的规律：从1917年的2.5米口径胡克望远镜，到1948年的5米口径海耳望远镜，再到1993年的10米口径凯克望远镜，如同摩尔定律，望远镜的口径每几十年就要增加一倍。

胡克望远镜
（来源：CC0
Public Domain）

海耳望远镜
（来源：美国加州理工学院）

凯克望远镜
（来源："凯克"官网）

从20世纪80年代开始，又到了鸟枪换炮的时候，世界主要发达国家的8～10米级口径望远镜纷纷开工建设，3～5米口径望远镜很快就算不上高级货了。这种情况下，欧南台自然不能"躺平"。

早在新技术望远镜建成之前，欧南台就把10米级口径望远镜——甚大望远镜的建设提上了日程。按照规划，甚大望远镜由4台8.2米口径的单元望远镜和4台1.8米口径的可移动辅助望远镜组成，是个不折不扣的"大家伙"，现有地方都不够大了。

为此，欧南台重新与智利政府签订协议，给即将开始建造的甚大望远镜找了个新家：位于拉西亚北部600多千米的帕拉纳尔山。这里海拔2600多米，观测条件比拉西亚更好。

1993年，当甚大望远镜基建工程正进行得如火如荼的时候，总部却突然收到了法院的传票。原来，有个叫作"三杰克鲁斯"的土著家族声称，50年前国家为了表彰他们祖先的战功，把帕拉纳尔山奖给了他们。现在，他们想要回自己的山。甚大望远镜项目要么赔镜，要么停工。

奇葩的是，智利法院居然受理了这起案子，并要求欧南台立即停工。众所周知，这类案件审理起来总是旷日持久，不管至克鲁斯家族有没有真凭实据，欧南台都耽误不起。

最后，在欧南台总部的反复交涉下，智利政府出钱，赔了圣克鲁斯家族880万美元。作为交换，欧南台则承诺给智利天文学家提供10%的观测时间。争议虽然解决了，但时间已经过去了整整三年[1]。

1998年5月，甚大望远镜的第一台单元望远镜（UT1）建成并测试成功。这个消息让大西洋那边的美国着实流了一把。要知道，欧南台这四台8.2米口径望远镜要建成了，观测能力与美国最大的凯克望远镜将会难分伯仲。于是，连美国宇航局也急着发出了系外行星照片，出来争抢风头。这就发生了本章开头所讲述的那段故事。

2006年12月，甚大望远镜最后一台辅助望远镜（AT4）建成，整体工程全部完工。

甚大望远镜单镜可以看到仅为肉眼分辨极限40亿分之一的星体。当它所有的望远镜协同工作时，还能进一步将分辨率提升到单镜的25倍[2]。

甚大望远镜项目负责人马西莫·塔伦吉（Massimo Tarenghi）曾经说过："如果你想在一流的天文台工作，那就造一个。"现在，他的梦想实现了。

甚大望远镜的建成，大大巩固了欧南台的世界地位。

据统计，每年大约有2000项观测申请被提交到欧南台，总申请比欧南台可提供的观测时间多4～6倍；欧南台的设备已经积累了65TB的重要天文数据，其中包括150多万张图像；基于这些数据，每天发表的论文数量平均超过2篇。

如果你对这些数据没感觉，那我再举几项著名的科学发现给你所。

1998年，科学家用欧南台3.6米口径望远镜，新技术望远镜和甚大望远镜对Ia型超新星的观测数据，证实了宇宙在加速膨胀，该成果于2011年获得了诺贝尔物理学奖。

[1] Madsen C. The jewel on the mountaintop: The European Southern Observatory through fifty years[M]. ESO, 2012. pp. 295-304. Available at: https://www.eso.org/public/products/books/book_0050/
[2] https://www.eso.org/public/about-eso/esoglance/

建成后的甚大望远镜（来源：ESO）

欧南台全景图（来源：ESO）

2004年，科学家巨欧南台甚大望远镜在230光年外的一颗褐矮星附近拍摄到人类第一张系外行星照片——这次不再是乌龙。这一发现开辟了天体物理学的一个全新领域：行星系统成像和光谱研究。

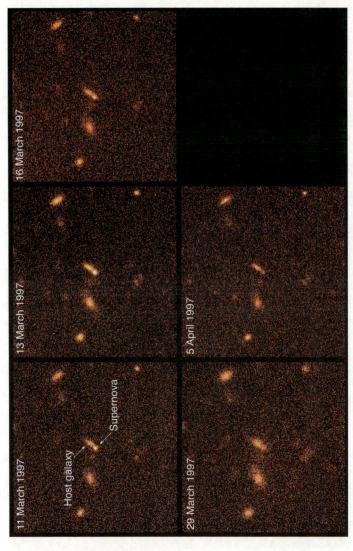

欧南台获得 2011 年诺贝尔物理学奖的观测发现（来源：ESO）

2008 年，科学家用欧南台新技术望远镜和甚大望远镜，对银河系中心区域的恒星进行长达 16 年的跟踪观测，证实了银河系中心超大质量黑洞的存在，该成果于 2020 年获得诺贝尔物理学奖。

2016 年，科学家利用欧南台的 3.6 米口径望远镜和甚大望远镜，在距太阳最近恒星——比邻星周围的宜居带发现了一颗类地行星比邻星 b，它是离我们最近的有可能适合生命生存的系外行星。如果说得科幻一点儿，不排除三体人存在的可能性。

2MASSWJ1207334-393254

778 mas
55 AU at 70 pc

欧南台发现系外行星的照片（来源：ESO）

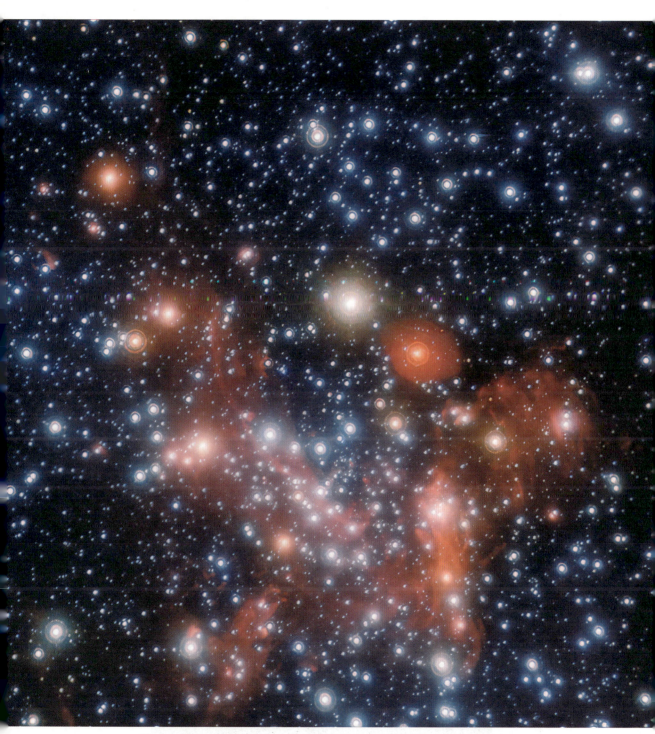

欧南台获得 2020 年诺贝尔物理学奖的观测发现（来源：ESO）

欧南台发现类地行星比邻星 b（来源：ESO）

……

在这些举世瞩目的科学成就中，每一项都让人兴奋不已，也激起了人类无止境的求知欲。

2012 年，欧南台理事会正式批准了极大望远镜计划。极大望远镜的设计口径达到了惊人的 39 米。一旦建成，它将成为世界上名副其实的最大光学望远镜。

建设中的极大望远镜（来源：ESO）

想想真奇妙，在这颗星球上最缺乏生命迹象的沙漠中，却竖立着最有可能找到外星生命的巨大装置。欧南台的工程师都不会浪费每一个晴朗的夜晚。在这片人迹罕见的沙漠中，观天神器正对着南半球的星空凝望；有一群远离城市喧嚣的天文学家，执着地探索宇宙奥秘。我想，没有什么能比这样一幅画卷更能代表人类永不磨灭的好奇心了。

阿雷西博射电望远镜：
射电王座四十年

波多黎各岛，南北美洲的交界处，美国的一块飞地，拥有着壮美的喀斯特岩溶地貌和热带植物群，有着"加勒比海明珠"的美誉。曾经的世界最大单口径射电望远镜——阿雷西博射电望远镜就坐落在苍翠的群山之中。

坐落在群山中的阿雷西博（来源：naic.edu）

1974年11月16日下午，阳光灿烂，万里无云。在阿雷西博射电望远镜周围的山坡上，星罗棋布地搭建了许多座帐篷。

时间快到了。人们三三两两地走出帐篷，面向305米口径的巨大球面天线，像是在等待着什么仪式的开始。终于，一种如同无线电发报一样的嘀嗒声从扬声器里传出来，把现场的气氛推向高潮。

声音持续了差不多3分钟。在这三分钟里，面前的阿雷西博射电望远镜，用一台峰值功率高达1兆瓦的发射机，把一段长度为1 679位的二进制数，发往了太空深处。这些数据将以光速在宇宙中旅行，等待着被截获。人们听到的嘀嗒声，正是这段信息经过频率转换后发出的声音。

这段数字中，包含了构成生命的基本元素、DNA双螺旋、太阳系结构等关于人类文明的重要信息。信息的目标，则是25 000光年外包含30万颗恒星的M13星团。

这被认为是人类首次正式向外星文明发送无线电波信息。在阿雷西博射电望远镜强大发射功率的加持下，这些信号将在几万年后抵达遥远的恒星团。

或许，熟读《三体》的你会不自觉地惊呼：人类怎么能干这样的傻事，这不是自寻短见吗？但是，请不要忘记那是在 1974 年。要理解美国人现在看来有些疯狂的行动，我必须从美苏太空竞赛开始讲起。

1957 年 10 月 4 日，苏联成功发射了世界上第一颗人造地球卫星。1958 年，美国国防部高级研究计划署（ARPA）和美国宇航局相继成立。从此，美苏太空竞赛的大幕正式拉开。

太空竞争表面上看起来，是把人送上太空，但背后的逻辑却是想拥有可进行全球打击的洲际导弹。苏联在航空航天上的每一次进步，都意味着洲际导弹对美国本土的更大威胁。所以，光是在太空里展开竞争显然是不够的，当时的美国急需能防御洲际导弹的新技术。

美国宇航局的职责是发展航天技术，而隶属于国防部的 ARPA，自然就把精力全部集中在防御弹道导弹的技术探索上。

1974 年的阿雷西博信息
（来源：naic.edu）

在为数众多的导弹防御项目中，有一个专门对大气电离层进行雷达监测的项目备受关注。多项研究表明，当洲际导弹从外层空间重新进入大气层时，会产生独特的雷达回波。如

苏联发射的第一颗人造地球卫星斯普特尼克 1 号
（来源：CC0 Public Domain）

果能够造出一台足够灵敏的雷达，就有可能在导弹飞行的中段就能捕捉到导弹的行踪。

但是，当时的科学家对高层大气了解很少，要想更好地理解洲际导弹的雷达回波，必须先对高层大气，也就是大气的电离层进行有效研究。两个项目必须同时进行。

在这样的大背景下，康奈尔大学博士威廉·戈登（William E. Gordon，1918—2010）看到了机会。作为一名拥有陆军航空部服役经历的电气工程师，戈登一直以来都对雷达充满了热情。他通过计算得出重要结论：只要建造一根直径 1 000 英尺、相当于 305 米的巨型雷达天线，就可以满足对电离层的研究要求。

戈登将他对巨型雷达的设计和构想写成论文，发表在《电气和电子工程师协会天线与传播汇刊》[1]。随后，戈登所在的康奈尔大学向国防部提出了建设巨型雷达的提议。这个想法与正在导弹防御上寻求突破的 ARPA 一拍即合。

威廉·戈登（来源：美国莱斯大学）

按照戈登的计算，巨型雷达的直径必须达到 305 米，但是当时根本就没有建造这种雷达的工程先例。如果按照传统方式强行建造，巨额的建造费用连资金充裕的 ARPA 也承担不起。

无数个繁星闪烁的夜晚，戈登都在思考如何缩减巨型雷达的建造成本。一天，康奈尔大学土木工程教授威廉·麦圭尔（William McGuire，1920—2013）提出了一个好建议[2]。他告诉戈登，在波多黎各岛的阿雷西博市郊区，有很多自然形成的漏斗形石灰岩大坑。如果能够依山就势建立巨型雷达，就能省去搭建支撑架产生的巨额成本。

这真的是一个绝妙的主意，建造成本问题就这样解决了。

---

[1] https://ieeexplore.ieee.org/document/1144946
[2] https://hgss.copernicus.org/articles/4/19/2013/hgss-4-19-2013.pdf

#405 Dec. 30, 1960

1960 年 12 月，阿雷西博的建造开始了（来源：naic.edu）

戈登（左）与麦圭尔对着阿雷西博的模型在讨论
（来源：美国康奈尔大学）

在 ARPA 的建议下，望远镜的设计方案从原先的抛物面设计改为球面。一般来说，射电望远镜的接收面都是抛物线形状的，因为这样就可以把所有落入接收面的信号反射到一个焦点上。但问题是，阿雷西博是固定在山谷中的，不能转动朝向。假如还是抛物面，就意味着阿雷西博永远只能盯着天空中很小的一块天区接收信号，只能进行电离层研究，无法高效地进行射电天文学研究。

而球面反射镜的焦点不是一个点，是排成一条线，这样就相当于拓宽了望远镜的可观测区域。新的设计方案是在望远镜周边建造三座百米塔架，然后用 18 根钢缆牵引一根柱状的接收器，悬吊在天线上方。柱状接收器负责采集球面镜反射回来的信号，接收器指向的方向就是天线的实际朝向。这样一来，这台望远镜就同时具备了国防和天文学研究的双重功能。

经过两年多的建设，1963 年 11 月 1 日，建成的望远镜以"阿雷西博电离层天文台"的名称正式对外开放。戈登作为阿雷西博的主要设计者，成了阿雷西博天文台的第一任负责人。

1963 年 11 月 1 日正式对外开放的阿雷西博电离层天文台（来源：美国康奈尔大学）

阿雷西博开始运行还不到半年时间，就取得了重大突破。

一直以来，人们认为水星早已被太阳强大的引力锁定，导致其自转和公转都是相同的 88 天。但是，在充分观察后，阿雷西博天文台于 1964 年 4 月 7 日得出结论，水星

阿雷西博射电望远镜馈源系统
（来源：美国康奈尔大学）

的自转周期不是 88 天，实际上短得多，是 58.646 天。水星并没有像月球那样被潮汐力锁定。它每绕太阳公转 2 圈，就会自转 3 圈。随后，阿雷西博又将视线对准了金星，得到了金星自转周期为 243.16 天的精确数据。

阿雷西博射电望远镜能够完成这种高精度的行星自转观测研究，得益于它具备的大功率雷达波定向发射和接收能力。自转，会让遥远行星接近和远离地球的两侧，返回雷达波的时间出现微小差异。利用这一点点微小的差异，阿雷西博就能计算出行星精确的自转周期。

阿雷西博没有停歇，它将视线投向了 6 500 光年外的蟹状星云。早在 1054 年，中国古代的天文学家就在蟹状星云所在的位置，观察到白天出现明亮星星的天象。科学家们由此推测，蟹状星云很可能就是当年超新星爆炸留下的遗迹。

那么，如何才能证实这个推测呢？爆炸后的超新星会最终坍缩成中子星吗？如果没有观测证据，这些推测就永远只是推测。

1968 年 11 月 10 日，在阿雷西博天文台工作的物理学家理查德·洛夫莱斯（Richard Lovelace），通过分析阿雷西博射电望远镜的观测数据，在蟹状星云的中心位置发现了一串以 33 毫秒周期变化的脉冲信号。经过论证，这些信号的来源必然是一颗高速旋转着的中子星。

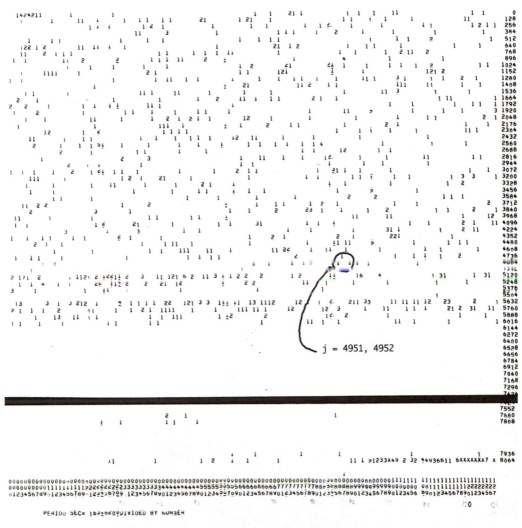

洛夫莱斯分析的阿雷西博射电望远镜的观测数据
（来源：《蟹状星云脉冲星周期的发现》）

至此，蟹状星云是超新星爆炸留下来的遗迹的猜想得到了证实。阿雷西博射电望远镜的这项成就，掀起了一股寻找脉冲星（所有的脉冲星都是中子星）的潮流。人们很快发现，第一代恒星燃尽爆炸的残骸，遍布在整个宇宙中。

阿雷西博射电望远镜在天文学探索方面接二连三的成就，让美国国防部意识到，这台为了防御洲际导弹而建立的超级雷达，似乎更适合做科学研究。

于是，美国国防部在 1969 年 10 月 1 日正式将阿雷西博移交给美国国家科学基金会管理，以便阿雷西博更多地参与天文学研究。

1971 年 9 月，美国国家科学基金会将"阿雷西博天文台"改名为"美国国家天文和电离层中心（NAIC）"。随后，美国宇航局也参与进来，开始和美国国家科学基金会一起，为阿雷西博射电望远镜的运行提供资金支持。

丰硕的成果带来了充足的资金，这是阿雷西博射电望远镜的黄金岁月。

1973 年，负责管理阿雷西博的康奈尔大学，为已经是顶尖望远镜的阿雷西博进行了一次大升级。他们用 38 778 块（每块大小为 1 米 × 2 米，且可单独调整替换）的铝板，取代了原来由镀锌铁丝网组成的反射天线。这一改进，把阿雷西博的雷达发射频率，从原来的 500 兆赫提高到 5 000 兆赫。

1973 年发射天线升级后的阿雷西博（来源：美国康奈尔大学）

在这台超级望远镜面前，科学家们的信心极度膨胀。所有人都殷切期待着这台全球口径最大、设备最先进、"听觉"最灵敏的射电望远镜，能开启射电天文学研究的新篇章。

康奈尔大学天文学教授唐纳德·坎贝尔（Donald Campbell，1921—1967）回忆说："当时的人们需要一个极具象征意义的大事件，来证明我们的能力。"

在众多升级庆典仪式的方案中，人们选择了向外星人发射无线电波信息。没有什么行动，比向 25 000 光年外的外星文明宣告地球文明的存在，更能够彰显我们的信心和能力了。

于是，便如同我们在本章开头所讲的故事那样，1974 年 11 月 16 日，一条星际无线电波信息[1]在庆典现场，被发往了遥远的武仙座球状星团 M13。

这条史称"阿雷西博信息"的信号，让阿雷西博一举成名。它成了地球文明连接地外文明的纽带，在无数的科幻迷、天文迷心中竖立起一座不朽的丰碑，也成了好莱坞青睐的外景地。

升级后的阿雷西博射电望远镜果然没有令天文学家们失望，新发现一个接一个地呈现在大众眼前。

1974 年，年仅 24 岁的物理学博士生拉塞尔·赫尔斯（Russell Hulse）与他的前任导师约瑟夫·泰勒（Joseph Taylor），在浩如烟海的脉冲星数据中，找到了一个双星系统。这是第一个被人类发现的脉冲星双星（PSR1913+16）。这一发现间接证实了广义相对论的预言，让他们共同获得了 1993 年诺贝尔物理学奖。

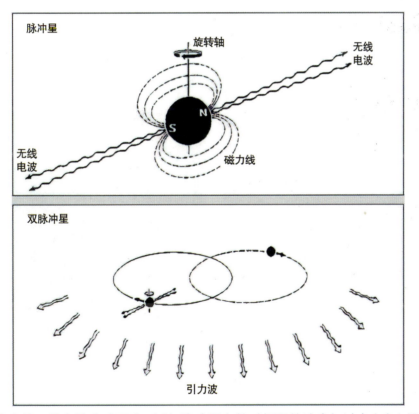

脉冲星发出的无线电波分成两束，以与脉冲星自转时相同的速度扫过太空（上图），双脉冲星也会发出引力波（下图）（来源：CC0 Public Domain）

[1]《外星语言》（丹尼尔·奥伯豪斯，2019）第 171 页

升级后的阿雷西博射电望远镜有着更强大的电磁波发射能力。这些电磁波能穿透了浓密的金星大气，第一次揭开了金星的神秘面纱，把金星表面完整地展现在人类面前。

1994 年，天文学家约翰·哈蒙（John Harmon）再次把阿雷西博的视线投向水星，他观测到沉积在水星北极地区的厚厚冰层。精确的雷达回波，让哈蒙完成了水星北极冰层分布图的绘制。

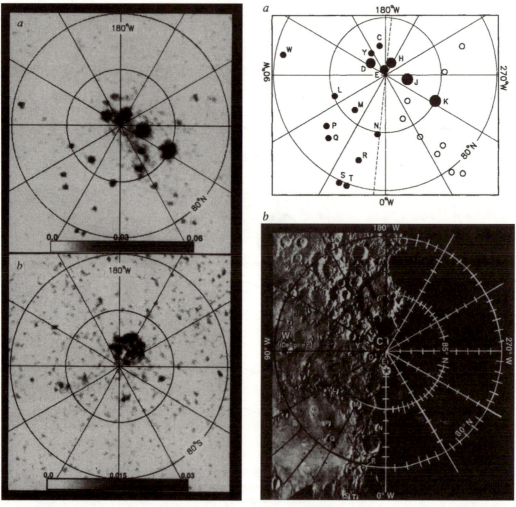

阿雷西博观测到的水星雷达图像	哈蒙绘制的水星北极冰层分布图
（来源：《水星极地异常的雷达测绘》）	（来源：《水星极地异常的雷达测绘》）

同时，美国宇航局还赋予了阿雷西博射电望远镜守护地球的特殊使命。升级后的阿雷西博射电望远镜已经成了一套行星级的雷达系统，可以实现对近地小行星进行严密监

控，对危险的小行星进行预警。此时的阿雷西博，俨然成了人们心中的英雄。它的形象开始频繁地出现在电影、电视等文化产品中，激发无数人心中的太空梦。

成就越大，期望越高。1997年，巅峰状态的阿雷西博再次升级。这一次，科学家用更加精密的格里高利反射器系统替代方形柱状馈线，阿雷西博变得更加灵敏，射电频率又提升了1倍，达到了10 000兆赫。

但是，这次升级让原本就十分沉重的悬挂式馈源舱的质量也增加了将近一倍。900吨的巨大设备，被9根钢缆悬挂在巨大的反射面上方。再加上经常袭击波多黎各岛的热带飓风，给阿雷西博的命运悄悄埋下了一重隐患。

1997年升级后的阿雷西博整体以及馈源舱（来源：naic.edu）

1999年5月，著名的"SETI@home"计划开始了。"SETI@home"通过分布式计算技术，让每一位试图回答"我们在宇宙中是否孤独"这一古老问题的天文爱好者，都能亲自参与寻找外星人的工作。

作为第一个向外星人发出无线电波信息的望远镜，阿雷西博很自然地承担了搜集地外文明信号的主要工作。对搜集到信息的分析工作，则交给分布在全世界的超过29万台计算机来完成。志愿者可以使用家庭电脑下载一个软件，获取一段阿雷西博射电望远镜捕获的无线电波然后进行分析，尝试在海量的无线电波数据中，找到智慧生命存在的痕迹。

稍显遗憾的是，虽然阿雷西博能力强大，但比起宇宙中浩如烟海的无线电波信号来说，阿雷西博射电望远镜能搜集到的信息如同九牛一毛。像"SETI@home"这样的项目，象征意义比科学研究的意义更大。

　　阿雷西博射电望远镜越来越像一个太空文化大使，它新建的游客中心每年可以接待超过 10 万名游客。人们在这个宏伟的超级工程面前，感受着科学和太空带来的震撼。

夜晚的阿雷西博射电望远镜（来源：naic.edu）

　　进入 21 世纪以后，大量的研究工作开始向可扩展的大型射电望远镜阵列倾斜。即使是"天下第一"的桂冠，也将被一个 500 米口径、名叫 FAST 的"新秀"轻松摘走。

　　阿雷西博射电望远镜在科研方面，不再具有不可替代的作用。美国宇航局和美国国家科学基金会为了推动更多新科技的探索，不得不削减对阿雷西博的资金支持。缺金少银的阿雷西博，只能节衣缩食，艰难维持。

　　2006 年，美国国家科学基金会宣布，如果找不到其他资助，阿雷西博天文台可能会被关闭。这一报告激起了一片哗然，无数学者、官员和媒体都表示，阿雷西博曾经代表全人类向宇宙发出声音，阿雷西博不能倒下。大量的天文爱好者联名请愿，为阿雷西博争取资金。就这样，阿雷西博又续命了几年。

2011 年，美国国家科学基金会不堪重负，只能剥夺康奈尔大学对阿雷西博天文台的管理权。取而代之的是波多黎各城市大学和斯坦福研究院组成的联合团队。这个团队的唯一优势，就是管理费更低，价格更便宜。

资金危机让阿雷西博射电望远镜长期带病运行。2017 年 9 月 21 日，飓风"玛丽亚"的袭击，导致望远镜反射面上的 30 多块铝板受损。没有维修资金的阿雷西博，就像一位暮年的英雄，只能拖着病体，坚强地运行。

2020 年 8 月 10 日，又一次飓风来袭。这一次，悬挂着 900 吨馈源舱的一条钢缆从索节中被连根拔出。钢缆像一根巨大的鞭子，从 150 米高的高空抽下来，在球面天线上撕开了一条 30 多米长的裂痕。

2020 年 8 月飓风刮倒了一条钢缆（来源：美国中佛罗里达大学）

突发的状况让管理者不得不重新对阿雷西博射电望远镜的修复难度进行评估。工程团队仔细测定了剩余钢缆的应力分布，并且评估了维修的风险[1]。

评估的结论令人难过。工程师们的结论是：剩余电缆的承重能力比预计的更弱，除了设法安全拆解以外，没有任何办法能在确保安全的前提下修复阿雷西博。

2020年11月20日，美国国家科学基金会发推文官宣，放弃修复阿雷西博，并对有风险的设备进行安全拆除。

然而，意外还是发生了。2020年12月1日，工程团队仍在制订拆除计划，剩余的钢缆不堪重负，在7点53分突然崩断，900吨的馈源舱犹如归根的成熟果实，从150米的高度跌落到与它对视了57年的巨大镜面上。这位立下过赫赫战功的老英雄，就像一名刚烈的战士，选择了一种极其壮烈的方式突然结束了自己的生命，在生命的最后一刻依然保持着年迈但坚挺的战斗姿势。

倒下的阿雷西博以及清理后的模样（来源：NSF）

虽然阿雷西博射电望远镜已经结束了"生命"，但它所积累的海量数据，仍然是后人无比珍贵的财富。心有不舍，但不必遗憾。就在阿雷西博离开之前，500米口径的"中国天眼"射电望远镜，已经顺利接替了阿雷西博的工作。地球文明，依旧睁大着"眼睛"，眺望着星辰大海。或许，在未来，阿雷西博能在这块风水宝地上涅槃重生，我满怀希望期待着。

---

[1] https://www.nsf.gov/news/news_summ.jsp?cntn_id=301674

莫纳克亚山天文台：
时空魔法的创造者

1572 年 11 月 11 日傍晚，第谷·布拉赫（Tycho Brah, 1546—1601）一边抬头望着星空，一边走在回家的路上。脚下的这条小路，第谷已经非常熟悉，熟悉到即使抬头看天也不会走错一步的程度。

突然，位于天顶的一颗亮星，引起了他的注意。

"不！它不应该出现在这里！"

第谷立即停下脚步，用眼睛紧紧盯着那颗星。那里是仙后座，5 颗明亮的恒星组成了一个大写的 W 形。这是一个知名度极高、连小孩子都不会认错的星座。整个天空中，比仙后座更好辨认的，也就是大熊座北斗七星和北极星了。但是现在，5 颗恒星变成了6 颗，多出来的那一颗，竟然比另外 5 颗还要明亮。

第谷低下头揉了揉眼睛，他必须冷静一下，赶走头脑里的幻觉。但是，当他再次抬起头看向天顶的时候，那颗恒星依然还在。第谷不敢相信自己的眼睛，他找来其他人，把恒星指给他们看，直到每个人都确认可以看到那颗恒星时，他才停止了对自己眼睛的怀疑。

从这一天开始，第谷每天都仔细观察并记录这颗恒星的变化。他发现，恒星的亮度在两个星期内迅速增加，很快就超越了金星，成为夜晚最亮的星星，人们甚至在白天也能看到它。

一年之后，这颗恒星开始由亮变暗，颜色也从白色变成暗红色。1574 年 3 月，在仔细观察并记录了 16 个月之后，这颗恒星终于在视野中彻底消失了。

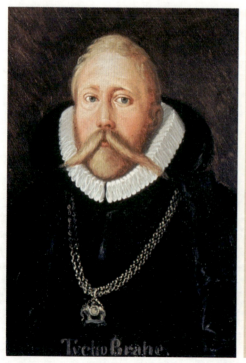
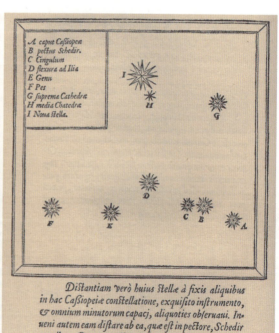

第谷和他记录的第谷超新星的手稿（来源：CC0 Public Domain）

虽然第谷把这颗突然出现又渐渐消失的恒星叫作新星，但他并不知道，自己见证的并不是一颗恒星诞生的过程，而是一颗恒星死亡的过程。为了纪念第谷的贡献，后世的人们把这颗超新星命名为"第谷超新星"。

此后的几百年，都没有人再见到新星。直到 2008 年，第谷超新星因一台名叫"昴星团"的望远镜而重新出现在人类的视野中。最神奇的是，我们通过这台望远镜看到的影像，并不是这颗超新星爆炸后的残骸。它更像是一种时空魔法，让我们穿越历史，回到第谷生活的那个年代，看到了超新星爆炸时的真实图景。

向人类展示这种时空魔法的，就是本章的主角——夏威夷莫纳克亚天文台。这就让我给你从风情万种的夏威夷说起。

夏威夷群岛位于太平洋的中北部，是大洋中脊海底火山链的一部分。这里最大的一座火山叫作莫纳克亚山。它从深达 5 998 米的海底拔地而起，山顶相对海底的高度达到了惊人的 10 203 米。这是地球上山体高度最高的山峰。即使在整个太阳系中，也只有火星的奥林匹斯山比它更高而已。

莫纳克亚山一万多米的高度，有一多半浸在水下，露出水面的高度也足有 4 205 米。这个高度位于大气的逆温层之上，来自太平洋的水汽到达这里就会停止上升，这让莫纳克亚山顶每年可以拥有 300 天以上的晴朗夜晚。而且，由于莫纳克亚山处于低纬度地区，不管是北极星还是南十字星座，这里都能看到。

莫纳克亚山全景图（来源：depositphotos）

由于适宜的气候和优美的环境，夏威夷很快就成了著名的旅游胜地，而莫纳克亚山则成了旅行者眼中的最佳观星地点。

一位抵达莫纳克亚山顶进行观星的游客，曾写下过这样的描述："没有一个地方看到的银河，能像莫纳克亚山上看到的那么明亮。那一晚，我与宇宙是如此的接近，那是让人终身难忘的梦幻体验。[1]"

莫纳克亚山的星夜（来源：depositphotos）

天文学家们当然不会放过这个绝佳的观星地点，他们做梦都想在莫纳克亚山的山顶上建造一座顶级的天文台。然而，麻烦的是这里不仅是天文学家们眼中的观星圣地，更是夏威夷原住民心中的圣山。

早在一千多年前，当第一批所谓现代人登上夏威夷群岛时，高耸入云的莫纳克亚山就震撼了他们的心灵。按照夏威夷原住民的宗教信仰，莫纳克亚山的山顶是"众神之

［1］UNDER THE MILKY WAY AT MAUNA KEA https://droneandslr.com/travel-blog/hawaii/mauna-kea-stargazing/

地"。那里不仅是神的居所，同样也是好人的灵魂最终去往的天堂。在现代文明到来之前，除了最顶级的祭司以外，任何人都不能进入圣山禁地。

莫纳克亚山山顶被认为有宗教含义的"禁地"（来源：CC0 Public Domain）

　　1960 年，美国开始实施阿波罗登月计划。作为与登月计划配套的天文观测项目，建造大型望远镜的重要性陡然增加。在这个大背景下，美国宇航局将一项建造光学望远镜的计划交到了月球与行星实验室主任杰拉德·柯伊伯（Gerard Kuiper，1905—1973）的手上。

　　对天文学稍微有所了解的读者，应该对柯伊伯这个名字不会陌生。柯伊伯是美国著名的天文学家。他不仅发现了天王星和海王星的两颗卫星，还证实了在海王星的轨道外侧存在一个有无数小行星分布的区域。凭借这些成就，柯伊伯被誉为"现代行星之父"。而海王星外侧分布着大量小行星的区域，也以柯伊伯的名字被正式命名为"柯伊伯带"。

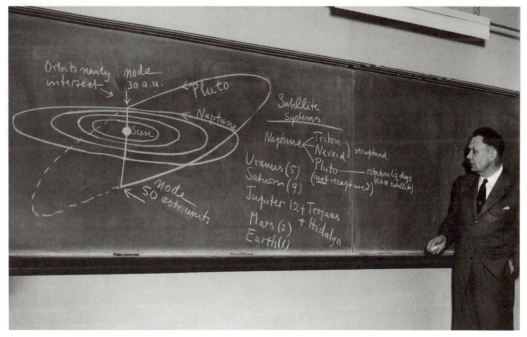

柯伊伯在讲解太阳系的结构（来源：APL）

　　柯伊伯早就考察过多处适宜天文观测的地点，他的理想目标就是圣山莫纳克亚。这里不仅观测条件非常优越，交通条件也很理想。由于它本身是一座火山，所以莫纳克亚山顶部相当开阔，绕着火山口星罗棋布地分布着很多座平缓的山峰。这样的环境完全可以兴建一座容纳多个观测站的大型天文台。

莫纳克亚山的火山口（来源：depositphotos）

　　不过，路要一步一步走。柯伊伯深知，想要在莫纳克亚山上兴建天文台，必须先设法突破夏威夷当地人对圣山的禁忌。于是，他以帮助莫纳克亚山修路为由，说服了夏威夷州的州长约翰·伯恩斯（John Burns，1909—1975），在莫纳克亚山的第二高峰上架设了一台30厘米口径的小型望远镜用于测试。莫纳克亚山的第一高峰才是圣山的主峰，柯伊伯巧妙地绕开了这个敏感的禁忌。

柯伊伯（左边坐）1964 年在莫纳克亚山的第二高峰上测试望远镜
（来源：美国夏威夷大学）

随着测试工作的深入，柯伊伯发现莫纳克亚山的山顶虽然终年被积雪覆盖，但空气非常干燥，这种特殊环境非常适合收集红外信号。于是，他立即撰写计划，游说美国宇航局兴建一座能够覆盖红外波段的大型望远镜。

很快，柯伊伯的积极推动就有了成果。他收到了一个好消息和一个坏消息。好消息是，美国宇航局批准了这个新项目，资金不是问题。坏消息是，美国宇航局并没有直接把项目交给他，他们选择了公开招标。

好在柯伊伯并没有什么像样的竞争者。当地的物理学教授约翰·杰弗里斯（John Jefferies）代表夏威夷大学参与了投标，他的方案是在萨克拉门托峰上花费 300 万美元建造一台口径 2 米的

杰弗里斯在莫纳克亚山勘察
（来源：美国夏威夷大学）

望远镜。按照惯例，这种大型望远镜的建造项目是不太可能交给一位物理学家主持的。

但世事难料，最终的结果是地缘政治占了上风。美国宇航局最后权衡利弊，真的淘汰了柯伊伯，把合同签给了没什么经验的夏威夷大学[1]。

柯伊伯听到消息后怒不可遏。既然美国宇航局偷走了他心中的圣山，那他就没有留下来的必要了。柯伊伯不再留恋，毅然拂袖离去。

不过，夏威夷大学并没有让美国宇航局失望。虽然这所大学在学术上缺乏建树，但运营能力和眼光显然是一流的。

1967年，夏威夷政府自己出资修建了全天候通往山顶的公路，并且建造了大量必要的基础设施。随后他们就以非常开放的态度，吸引各国的望远镜项目前来投资。

很快，美国空军的卫星追踪望远镜、洛威尔天文台的行星望远镜以及加拿大、法国与美国合资的3.6米口径望远镜都先后建了起来。

从左到右：美国空军的卫星追踪望远镜、洛威尔天文台的行星望远镜以及加拿大、法国与美国合资的3.6米口径望远镜（来源：美国夏威夷大学）

凭借这些顶级天文设备，夏威夷大学的天文学专业终于完成了从不入流到顶级的跨越式攀升。他们不仅培养出100多名优秀的天文学博士，还吸引了无数成名的天文学家前来。夏威夷人心中的圣山，终于变成了天文学家追寻梦想的圣山。

在莫纳克亚天文台众多的顶级设备中，由日本主持建造、口径达到8.2米的昴星团望远镜显得格外突出。

昴星团望远镜项目在1985年立项，直到1991年才开始在莫纳克亚动工组装，中间时隔7年。这么长的时间大部分都耽误在了镜盘的打磨上。

前面已经讲过欧南台率先提出的、专门用于纠正镜片形变而采取的主动光学技术。当时，很多国家都不看好主动光学技术，原因是它的传感器和自动控制系统过于复杂。但是，电子技术领先的日本积极拥抱了这项技术，决定用主动光学技术突破望远镜镜片

[1] J. B. Zirker (18 October 2005). An Acre of Glass: A History and Forecast of the Telescope. JHU Press. pp. 89–95.

制造的极限。

昂星团望远镜镜片的设计厚度大约是 20 厘米，这比当时所有的望远镜的镜片薄很多。日本工程师使用了全新的玻璃当作镜片的材料，这可以有效地减少因温度变化而引发的镜片的形变。

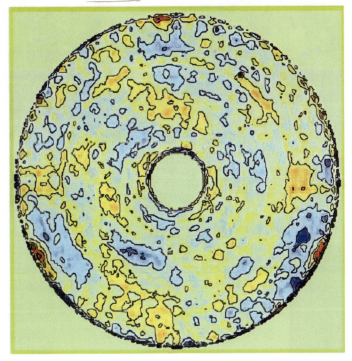

出错的主镜面形误差图（来源：NAOJ）

但是，到了实际磨制镜片的环节，工程师们还是遇到了难题。8.2 米口径的镜片要求表面误差必须保持在 0.1 微米以下，这个尺度差不多只有头发丝直径的万分之一。日本工程师痛苦地发现，所有的机械打磨工艺都无法实现这样的精度。最后，他们干脆放弃了机械，采用纯手工的方式打磨镜片。你可能会感到奇怪，手工打磨怎么会精度更高呢？其实手工磨镜片，不易在一个方向上累积误差：人手的用力方向比机械更具有随机性。工程师们先在手上涂一种特殊的磨料，然后徒手打磨。

工作一段时间后，他们就会测试镜片的精度，找到有瑕疵的位置，继续手工打磨。就这样，7 年后工程师们最终制成了这块巨大的反射镜。

为了托住这块超薄的巨型镜片，工程师在它的背后安装了 261 个由计算机自动控制的支撑器，以确保当望远镜调整位置或发生温度变化时，主镜仍处于最佳状态。

最终完成的主镜（来源："昴星团"官网）

夜空下的昴星团望远镜
（来源："昴星团"官网）

昴星团望远镜的屋顶也不是常见的半球形。工程师采用了空气流通更好的圆柱形设计，这样的结构可有效改善镜片附近由于温差而产生的湍流，提高昴星团望远镜的屋顶内的大气视宁度。

时间很快来到了 1999 年，从立项到最终建成，昴星团望远镜共花费了 15 年的时间。即使在大型望远镜里，那些超远距离的天体仍然是相当暗淡的。所以大多数时候，望远镜的工作模式更像是一台数码相机，需要长时间的曝光才能拍下天体的照片。正是这个原因，一般的大型望远镜都不再保留肉眼直接观察的功能。但是昴星团望远镜在这一点上有些特殊，它允许人们坐在目镜前直接观测星空。

在昴星团望远镜的落成庆典上，代表日

本皇室的纱矢子公主也受邀来到现场。她落落大方地在望远镜的目镜前坐下来，完成了第一次象征意义的天文观测。

事实上，通过望远镜的目镜观察星空与在显示器上观看照片，没有本质区别。但是，人类就是这么一个奇怪的物种，"亲眼所见"带来的震撼远比查看照片大得多。

一位工作人员在通过目镜观测了星空后，留下了这样的感慨："你在哈勃太空望远镜照片中能看到的一切，包括星云的颜色和形状，我都能亲眼看到，每一颗星星都呈现着意想不到的色彩[1]。"

夏威夷当地报纸的报道
（来源："昴星团"官网）

属于莫纳克亚山的星空（来源：NAOJ）

---

[1] Ferris, Timothy (July 2009), "Cosmic Vision", National Geographic
https://www.nationalgeographic.com/magazine/article/telescopes

昂星团望远镜是当时世界上最大的光学望远镜，这个纪录它从 1999 年保持到了 2004 年。

建成至今，昂星团望远镜给天文学家带来了太多令人惊喜的发现。其中最让人惊讶的是，我们在开篇故事中提到的，昂星团望远镜对第谷超新星的观测研究，这简直就是一次华丽的时空魔法。

超新星是恒星走向死亡的一种方式。爆炸，则是恒星核聚变突然失控而产生的极端现象。因为恒星的寿命都很长，所以超新星现象相当罕见。即使在整个银河系的上千亿颗恒星中，想看到一次超新星爆炸，平均也要等上 30 年[1]。

由于超新星的能量爆发极为猛烈，所以过程也非常短暂，一般只能持续几星期或者几个月。而第谷超新星则是在爆发了 16 个月之后才耗尽了能量，化作了一片灰烬[2]。

但是，这并不是故事的结局。

第谷凭借肉眼观测到的只是这颗超新星发出的直达地球的光线。但是，超新星释放的能量实在太强。如果有飞往其他方向的光，遇到了星际中的尘埃云，尘埃会向四面八方散射这些光，其中一些就可能朝向地球的方向。这些走了折线的光会在较晚的时间到达地球，并且仍然有足够的亮度被探测到。那些散射了超新星光线的尘埃云，就相当于宇宙中的巨大镜子。

2008 年，也就是昂星团望远镜建成后的第 9 个年头，来自第谷超新星上的一束光在经过一片尘埃云的反射后来到了地球。它们比那些直达地球的光整整晚了 436 年！

天文学家先是用几台 4 米口径的望远镜发现了这一片尘埃云，但这几台望远镜没有能力探测出至关重要的光谱。之后利用强大的昂星团望远镜，天文学家终于获得了反射光的光谱。研究超新星的天文学家一看便知，这肯定是来自超新星的光而不是这片尘埃云本身的。这样的反射光不止一处，通过联合分析，也可以确定它们源自第谷超新星的方向。

最终利用得到的光谱，天文学家们确定，第谷超新星属于超新星分类中的普通 Ia 型超新星[3]。这才结束了第谷超新星分类长达几十年的争论，为后来更多的研究铺平了道路。

---

[1] https://arxiv.org/abs/0803.1487

[2] Giacobbe, F. W. How a Type II Supernova Explodes. Electronic Journal of Theoretical Physics. 2005, 2 (6): 30−38. https://ui.adsabs.harvard.edu/abs/2005EJTP....2f..30G/abstract

[3] Pastorello A , F Patat. Echo From An Ancient Supernova [J]. Nature, 2008, 456(7222):p.587,589.

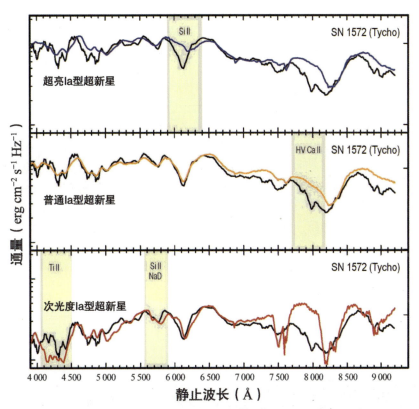

昴星团望远镜获得的第谷超新星光谱（来源："昴星团"官网）

就这样，在昴星团望远镜的帮助下，生活在现代的天文学家得以和祖师爷第谷一起成为同一颗超新星爆发过程的亲历者。即使明白了其中的原理，这项研究还是让人啧啧称奇，说它是一次神奇的时空魔法，一点都不过分。

昴星团望远镜对第谷超新星的观察，只是莫纳克亚天文台众多成就中的一项而已。

2014年，科学家利用架设在莫纳克亚天文台的北双子座望远镜，发现了一颗毫秒脉冲星和一颗白矮星互相绕转的天文奇观[1]。

2018年，还是用昴星团望远镜，科学家

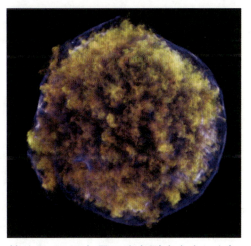

第谷于 1572 年最早注意到这个由死亡恒星产生的巨大气体泡泡（来源：NASA）

［1］https://arxiv.org/abs/1410.4898

毫秒脉冲星与白矮星互相绕转的艺术图（来源：ESO）

在外太阳系发现了一个全新的小天体[1]。它距离太阳足有 120 天文单位，约相当于冥王星到太阳平均距离的 2.5 倍。

这颗小天体的艺术图（来源：卡耐基科学研究所）

［1］https://subarutelescope.org/en/results/2018/10/03/2727.html

　　2022 年，亚利桑那州立大学利用莫纳克亚的凯克望远镜发现了一对互相绕转，但距离又极远的褐矮星。数据显示，这两颗褐矮星之间的距离约为冥王星到太阳距离的三倍。

两颗褐矮星的艺术图（来源：NASA）

　　到目前为止，在这一片不足两平方千米的区域内，已经建造了 13 座天文观测站。这里是全世界重量级天文望远镜分布最为密集的天文台，是当之无愧的天文学的"圣山"。

通往"圣山"的山路（来源：depositphotos）

目前，莫纳克亚天文台正在修建 30 米口径的 TMT 望远镜。按照计划，它将于 2027 年建成。到时候，这颗莫纳克亚山上最璀璨的明珠，也将戴上世界最大光学望远镜的桂冠。

TMT 艺术图（来源：TMT 官网）

站在莫纳克亚山上，白色山顶、红色的火山岩以及触手可得的绝美星辰，给了人们无限的遐想。只要仰望星空，我们的心灵就与广袤的宇宙融为一体，这也是独属我们人类的，独一无二的浪漫。

RATAN-600:
观天魔戒

美国加州大学伯克利分校的百年钟楼
（来源：CC0 Public Domain）

2016 年 8 月 29 日一早，美国加州大学伯克利分校的史蒂夫·克罗夫特（Steve Croft）踏着百年钟楼的钟声，急匆匆地跨入物理学院北楼的伯克利 SETI 研究中心。

他惊奇地发现，此时的研究中心已经坐满了人，大伙儿不约而同地都赶来了。他的同事安德鲁·西蒙（Andrew Siemion）坐在电脑前，屏幕上显示的是一座在一片草地上的巨型圆环建筑，像是某个超级工程。此时此刻，这个看上去像一个圆形角斗场的东西，已经引起了整个天文学界甚至是媒体界的注意。

史蒂夫一进门就冲着西蒙说："安德鲁，看来你们也看到了，武仙座，HD164595，这个方向我们以前还真没注意过。"

西蒙转过椅子，面对着史蒂夫笑着说道："你是不是跟我一样，一晚都没睡？这个消息可是让我兴奋了一晚上，迫不及待等天亮。"

他顺手喝了一口咖啡继续说道："国际宇航科学院 SETI 常设委员会今天凌晨已经把相关资料发给我们了，我正在研究那些资料。我觉得当务之急是赶紧对准那个方向，看看能收到什么。"

"我也是这么想的。"史蒂夫说完便打了个响指，说道，"伙计们，开工了。大卫，调整绿岸角度，对准 HD164595 方向。丹，准备实时分析绿岸接收的一切信号。希望俄罗斯人这次没有闹乌龙。"

在黎明的晨光中，绿岸望远镜缓缓转动着它庞大的身躯，对准了武仙座方向的一块天区。就是在这个方向，俄罗斯的一台射电望远镜收到了极不寻常的信号。

但是，本章故事的主角并不是绿岸望远镜，而是俄罗斯这台建于 20 世纪 70 年代的大型射电望远镜，它有着不平凡的身世。

绿岸望远镜（来源：CC0 Public Domain）

　　20 世纪 50 年代末，美苏两国正处在冷战时期，旷日持久的太空竞赛拉开帷幕。建设大型射电望远镜对太空探索和国防都有着重要的价值，美苏两国都铆足了劲，争相上马一个个大望远镜工程。

　　1965 年 8 月 18 日，苏联科学院射电天文望远镜工程开工建设，它的英文缩写是 RATAN-600，后面这个数字代表这台望远镜的直径约 600 米。整台望远镜占地面积约 26 万平方米，相当于 40 个标准足球场那么大。

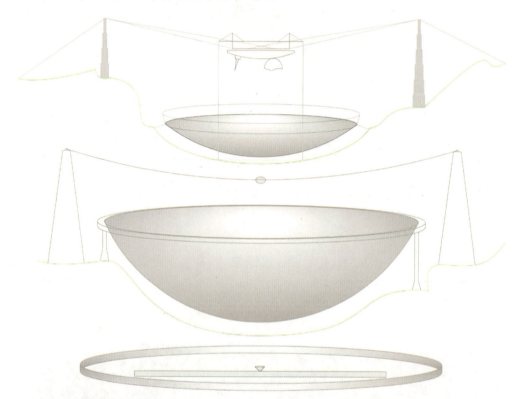

对照图，上层是阿雷西博，中层是"中国天眼"，下层是 RATAN-600
（来源：CC0 Public Domain）

　　直径 600 米，听着好像很吓人，要知道比它晚 50 年建成的"中国天眼"的口径也只有 500 米。但注意看，一个是直径，一个是口径，一字之差，那差别可就大了。

　　让我们先来了解一下这台望远镜的奇特造型。它是由 895 块反射单元围成的一个正圆形，从高空看就像一枚戒指。每一个反射单元宽 2 米，高 7.4 米，差不多就是把一个标准足球门转 90 度立起来那么大。因此，这台望远镜的直径虽然大得吓人，但真正的有效接收面积并不大，只相当于美国阿雷西博射电望远镜接收面积的 16.5%，"中国天眼"的 6% 而已。

RATAN-600 的全貌及反射单元（来源：SAO）

这台造型奇特的射电望远镜有三种不同的工作模式[1]：

RATAN-600 近景（来源：SAO）

第一种叫双镜模式，由多块环状反射板组成的扇面将微波聚焦到柱面次镜后，再将微波传向接收器机舱。RATAN 拥有三个柱面次镜，每个次镜用于主镜的一个扇区。这些次镜可以根据主镜的观测角度，在轨道上移动来进行信号的对焦工作（见下图中的 A 示图）。

这三个柱面次镜既可以同时对不同对象进行观测，也可以对同一个对象的不同方位角进行观测，从而形成一张二维的方位合成图。

第二种叫三镜模式，RATAN 的南半区域有一块平面反射板，这块反射板与南区的主镜相结合，可以将通过平面反射板的微波反射到环状主镜反射板后，再聚焦到柱面次镜上（见下图中的 B 示图）。

这种设计结构称为克劳斯型望远镜，由美国俄亥俄州立大学的天文学家约翰·克劳斯（John Kraus，1910—2004）提出，首先应用于那台俗称"大耳朵"的俄亥俄州立大学

[1] https://www.sao.ru/hq/CG/cold/part2.htm

望远镜的建造中。

RATAN 在克劳斯型望远镜设计基础上，给平面反射板加上了铁轨，这样不仅可以获得像大口径望远镜一样宽广的天空扫描区域，同时还能利用铁轨移动平面反射板跟踪观测目标。

第三种工作模式是 RATAN 对正上方的天顶进行观测时采用的。这时就要利用整个环形反射器，与位于中心的圆锥形辅助反射镜和接收器一起工作，才能获得正上方天域的扫描信息（见下图中的 C 示图）。

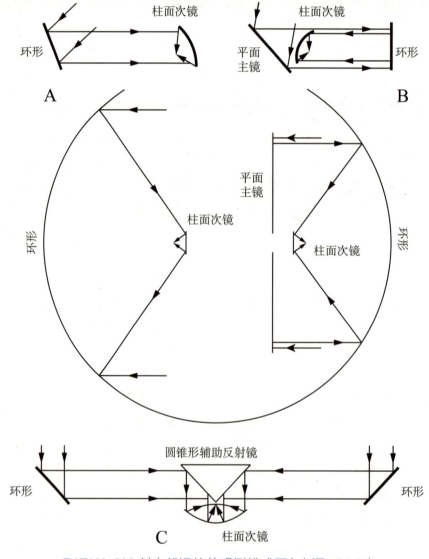

RATAN-600 射电望远镜的观测模式图（来源：SAO）

RATAN-600：
观天魔戒

开工后的第九年，也就是 1974 年，RATAN-600 开始运行，但直到 1977 年初才全部建设完毕。在它投入运行后的众多任务中，苏联宇航局下达的月球观测计划着实给了科学家们一个不大不小的惊喜。当时苏联宇航局突发奇想，希望利用 RATAN-600 对月球表面进行地毯式扫描，顺便测试一下这台新望远镜的整体性能。

夜晚的 RATAN-600（来源：depositphotos）

谁知道这次的观测结果却让所有人吃了一惊。第一次扫描只针对月球表面部分区域，天文学家居然发现了两个强烈的微波信号发射源，可以肯定这些微波并不是月球自然产生的，这让苏联的专家们非常惊讶，有人甚至认为那是外星人干的。他们对剩余的月球表面继续扫描，结果又发现了三个微波信号发射源，这让专家们更吃惊了。

专家们带着这些意想不到的观测结果来到了莫斯科空间研究院。他们咨询了各类专家并且调阅了大量资料，竟然发现这些信号源的月球坐标点居然和美国阿波罗宇宙飞船的五次着陆点出奇的一致，这说明这些信号发射器肯定是美国人留下的。

原来这些被探测到的发射器真是阿波罗登月计划的一部分，全称为"阿波罗月球表面实验包"，当时这个计划细节并没有公布于众。整个计划从 1969 年开始，贯穿阿波罗 11 号至 17 号，总共在月球表面部署了十多个科学仪器，包括中心控制站、放射性同位素热电发电机、激光测距反射器、被动地震实验包、月面强磁计、被动地震试验、太阳风谱仪等[1][2]。

这些仪器的设计初衷是在月球上组成一个强大的科学前哨。当航天员离开月球后，至少一年时间内都可以继续观测月球环境，工作人员甚至可以在地球上进行远程遥控操作。最终这些仪器不辱使命，坚持工作了 8 年之久。我们今天掌握的月球的大部分知识都来自这项科学实验。

这个计划一直持续到 1977 年 9 月 30 日，直到美国宇航局由于预算原因永久关闭了这项实验，但是有 5 个工作站的发射器并没有被立刻关闭，这就是后来 RATAN-600 接收到的神秘信号。

不过，苏联人的这次发现倒成了阿波罗登月计划的有力证据[3]，也成了 RATAN-600 工作人员茶余饭后津津乐道的话题。

扫描月球只是一个测试性任务，对于 RATAN-600 来说，它真正涉及的科学研究任务是非常广泛的，包括[4]：太阳活动的射电研究；利用散斑干涉技术对双星、多星和单恒星的极限角分辨率进行测量；对星系中的星云进行射电和光谱方面的探测；对脉冲星、黑洞等物体进行光度测定；建立本星系群空间和运动学场景；建立宇宙微波背景图等。

当然这些科研项目大多数是由多个国家联合实施的，这也充分体现了 RATAN-600 在天文科学领域中开放共享的合作理念。

在 RATAN-600 众多科研任务中，寻找地外文明也是非常重要的任务之一。

2015 年 5 月 15 日 18 点 01 分 15 秒，RATAN-600 在 2.7 厘米波段 11GHz 上探测到一股强劲的微波信号，这股信号来自武仙座的 HD164595 恒星系。这个发现以一篇署名为亚历山大·帕诺夫（Alexander Panov）的论文发表在 2016 年第 67 届国际宇航大会的会前资料上。

［1］https://rps.nasa.gov/missions/1/apollo-surface-experiments/

［2］https://www.hq.nasa.gov/alsj/HamishALSEP.html

［3］https://adsabs.harvard.edu/full/1978SvAL....4..302N

［4］https://en.public-welfare.com/4261622-ratan-600-purpose-and-principle-of-operation

RATAN-600：
观天魔戒

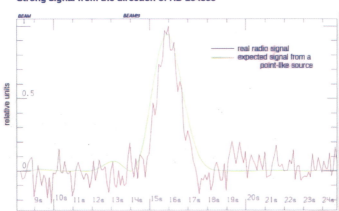

RATAN-600 记录的来自武仙座 HD164595 恒星系的强烈信号（来源：美国加州大学伯克利分校）

　　著名的天文科普作家保罗·吉尔斯特（Paul Gilster）看到这份资料后，认为其意义重大。他连夜在自己的网站上发表了一篇关于武仙座外星文明猜想的文章[1]，还发了推特。

　　保罗的这篇文章瞬间在全球掀起了一场寻找地外文明的热浪。英国《星期日泰晤士报》把这个过程比喻为"外星人拨通了地球电话"，而我们非常可惜地错过了这个来电；同时美国有线电视新闻网对 RATAN-600 的科研团队进行了跟踪采访，其中一名成员告诉记者，任何一股被探测到的强信号附近，都有存在外星文明的可能。

　　HD164595 是位于武仙座腰部的一颗恒星，距离地球大约 95 光年。这颗恒星与太阳有着相近的表面温度。更巧合的是，这颗恒星有一颗伴星 HD164595b，它每 40 天围绕母恒星完成一次公转，这说明该恒星系统内存在行星。尽管这颗 40 天公转一次的行星离母恒星太近，表面温度不适宜生命存在，但我们不能排除该恒星系统中还存在其他类地行星。

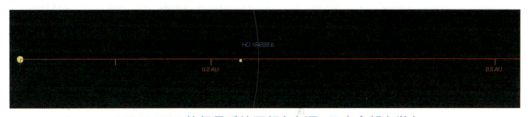

HD164595 的行星系统图解（来源：日本京都大学）

---

[1] https://www.centauri-dreams.org/2016/08/27/an-interesting-seti-candidate-in-hercules/

于是，全世界很多天文望远镜对准了 HD164595，其中就包括美国绿岸天文望远镜、由微软联合创始人保罗·艾伦（Paul Allen，1953—2018）捐资建设的艾伦望远镜阵列和专注于地外文明探测的博客特 SETI 光学望远镜。似乎一时间所有人都进入了严阵以待的状态，随时准备接通外星来电。

艾伦望远镜阵列（来源：SETI Institute）

博客特 SETI 光学望远镜
（来源：美国哈佛大学 SETI 计划）

不过遗憾的是，多日观测之后，这些天文望远镜并没有收集到任何可疑信号。由史蒂夫·克罗夫特带领的绿岸天文望远镜团队写了一份详尽的报告[1]。

报告提到，如果这是一个来自地外文明的信号，很有可能被其他望远镜记录下来。但是他的团队成员参考了美国国家射电天文台甚大天线阵的巡天历史数据，并与绿岸持续观察的数据进行对比后，在这个天空区域没有发现任何信号迹象，所以这个信号很有可能是由于仪器干扰或者其他人类信号突然进入而产生的。

由于绿岸天文望远镜没能检测到来自 HD164595 方向的任何后续信号，也就无法为 RATAN-600 这次事件提供有力的佐证。

SETI 组织的另一名高级天文学家塞思·肖斯塔克（Seth Shostak）觉得这个信号可能是真实的，但并不一定是外星文明发射的，更有可能来自地面干扰或者由较远距离的引力透镜现象导致。

---

[1] http://seti.berkeley.edu/HD164595.pdf

而得克萨斯 A&M 大学的天文学家尼克·桑特谢夫（Nick Suntzeff）觉得[1]，11GHz 的信号不太可能来自宇宙。虽然宇宙中确实存在一种称为"快速射电暴"的高能天体物理现象，这种射电暴可以发出几千兆赫的微波，但往往持续的时间极短，是毫秒级别的信号，而且快速射电暴的信号源距离地球一般都有几亿光年。所以，该信号不太可能是快速射电暴。该信号的频段恰好是军方正在使用的频段，信号源来自军方的秘密试验也不是没有可能的。

但媒体对这一事件的关注始终高涨，俄罗斯科学院特别天体物理观测站最后发布了一份官方声明[2]，结论是这个信号最有可能的来源是地球自身。

俄罗斯科学院（来源：depositphotos）

这次意外的信号事件经常与 1977 年的"Wow! 信号"相提并论，我们多么想知道人类是宇宙中唯一的智慧文明啊。虽然整个事件看上去像是上帝给全人类开的一个小玩笑，但这又何尝不是人类漫长宇宙探索过程中的一杯莫吉托，它给枯燥无味的探索工作

[1] https://arstechnica.com/science/2016/08/seti-has-observed-a-strong-signal-that-may-originate-from-a-sun-like-star/
[2] https://www.sao.ru/Doc-en/SciNews/2016/Sotnikova/

带来一丝洋气又浪漫的甜蜜,时常可以拿出来回味一番。

几千年来,当人们细数天上的繁星时,是否想过遥远的星系中可能还有类似我们的生命存在。今天,我们已经确认了超过 5 000 颗太阳系以外的行星,还有数千颗候选行星等着被探测。在这些行星中有具备孕育生命条件的行星吗?在发展行星系统的过程中,什么样的条件才有利于类地行星的形成?天文学家们穷其一生都在追求这些问题的答案。

RATAN-600 还在不断探索(来源:depositphotos)

不过在浩瀚无垠的宇宙中,在一颗不起眼的行星上,居然存在这么一群智慧生物,在这群生物中居然有一个你,正在读这本讲述宇宙的书,这件事本身就非常神奇。

甚大阵列望远镜：
老当益壮的超级阵列

1989 年 6 月 4 日，临近午夜（美国太平洋夏令时间）。远在 47 亿千米外的太空中飞行的旅行者 2 号探测器，向它的母星地球发出了一个标志性的信号[1]。

6 月 5 日凌晨 3 点 40 分，美国宇航局的深空网络通信系统收到了这个信号。这意味着旅行者 2 号对太阳系内最遥远的行星——海王星——的探测开始了。

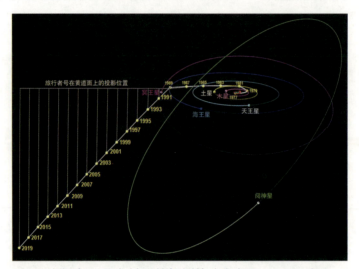

旅行者 2 号发射后的探测轨迹（来源：NASA）

旅行者 2 号至今仍然是唯一近距离接触海王星的探测器。科学家们计划让旅行者 2 号每天拍摄 50 张照片并发回地球。

旅行者 2 号在 1989 年 8 月 26 日拍摄了这两张海王星环的照片（来源：NASA）

---

[1] https://voyager.jpl.nasa.gov/news/details.php?article_id=69

在旅行者 2 号抵达海王星之前，旅行者任务团队已经经历过 5 次行星探测任务，工作流程上早已轻车熟路，但是这每天拍摄 50 张照片的任务仍然被整个团队视为不可思议的挑战。

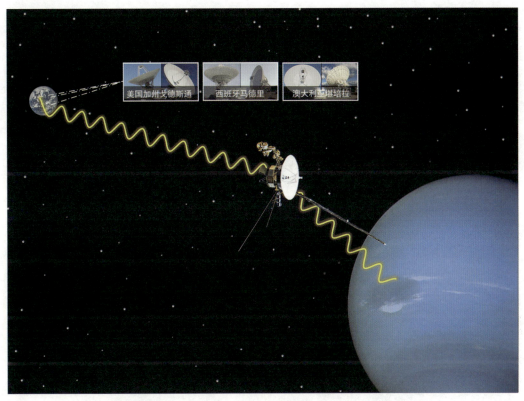

旅行者 2 号从地球出发与海王星"亲密接触"（来源：NASA）

给旅行者任务团队带来额外挑战的原因，说起来极为简单，那就是海王星比曾经探测过的所有行星都远得多。

要知道，无线电波信号的功率与距离的平方成反比。旅行者 2 号虽然拥有一根 3.7 米长的巨大天线，但为了节省电力，科学家们不得不把无线电发射机的功率控制在可怜的 13 瓦，比一台手机充电器的功率还要小。这些以 13 瓦的发射功率发出的无线电波，到达地球时几乎弱到了无法识别的程度。而且，超远的距离带来了 4 个多小时的通信时差，这让数据校验也成为不可能完成的任务。一个数据上的小小错误，就会毁掉整张珍贵的照片。

为了完成这次任务，旅行者任务团队早在 1986 年旅行者 2 号飞越天王星的时候，就未雨绸缪，对地面深空通信网络进行升级。这个网络由多台射电望远镜组成，其中最大的三台，口径都是 64 米，为了更好地接收信号，工程师将它们扩大到了 70 米。为了提高接收效果，澳大利亚那台灵敏度极高的帕克斯射电望远镜也被并入，一起用于接收数据。[1]

位于澳大利亚堪培拉的深空通信网络，可以向旅行者 2 号发出命令（来源：CSIRO）

但是，即使如此，旅行者 2 号的传输速率仍然无法提高到每天传输 50 张照片的水平。这个问题直到一台名为 VLA 的 25 米阵列射电望远镜加入，才真正得到了解决。

那么，为什么 70 米的天线都解决不了的问题，靠 25 米的阵列射电望远镜就能得到解决[2]？为了回答这个问题，我们的故事要从 1931 年开始说起。

1931 年，贝尔实验室发现，当使用 10 ～ 20 米的无线电波进行跨大西洋电话通信时，总是存在一些不可控的静电干扰。就职于贝尔实验室的年轻工程师卡尔·央斯基（Karl

[1] https://astromart.com/news/show/30-years-ago-voyager-2s-historic-neptune-flyby
[2] https://ipnpr.jpl.nasa.gov/progress_report/42-102/102I.PDF

Jansky，1905—1950）接受了这项研究任务。

央斯基认为，想要找到无线电波干扰的来源，就必须先做一个能够定向接收信号的天线才行。而且，要想捕捉到微弱的信号，天线的尺寸必须越大越好。

为了达成这一目的，他用金属管和木条制作了一个长达 30 米的奇怪天线，形状类似双翼飞机的翅膀。为了让这个天线能够自由地改变方向，央斯基还在下面安装了一个圆形底盘和 4 个轮子。只要一个人，就可以推着这个 30 米的大家伙自如地转向[1]。

央斯基在 20 世纪 30 年代发明的"天线"（来源：NRAO）

天线接收的无线电波信号会在耳机中发出嘶嘶的噪声，央斯基通过噪声的强度寻找信号的源头。经过一段时间的观察，央斯基发现，当天线指向银河系中某一个固定点的时候，噪声信号最为强烈。

央斯基仔细排除了来自电力线或电气设备的各种干扰，经过进一步的观察，他得出了一个大胆的结论——噪声来自地球之外。

现在我们已经知道，央斯基发现的无线电波来自银河系的中心。他的研究开辟了一条全新的科学道路，从根本上改变了天文学家对宇宙的看法。

通过央斯基打开的新"窗口"，天文学家开始研究宇宙中物体无线电波的发射，依靠

---

[1] http://www.bigear.org/CSMO/HTML/CS12/cs12p08.htm

工程师央斯基（来源：NRAO）

的工具就是射电天文望远镜。

无线电波的波长范围在 1 毫米至 100 千米。波长大于 10 米的无线电波被地球大气层吸收和反射，短于 1 厘米的无线电波也容易被大气层吸收。所以，从 1 厘米至 10 米之间的无线电波，就成了射电望远镜的主要研究对象[1]。

然而，望远镜的角分辨率是与波长和口径的比值成正比的。也就是说，当被研究的电磁波频率确定后，望远镜的口径越大，分辨率就越高。

但是，即便是厘米级的无线电波，其波长也要比可见光大 8 个数量级。虽然射电望远镜常常会造到几十米的超大尺寸，但在观察无线电波的时候，也只有可怜的几个像素的分辨率。射电望远镜分辨率低、成像困难，成了射电天文学亟待突破的大难题。

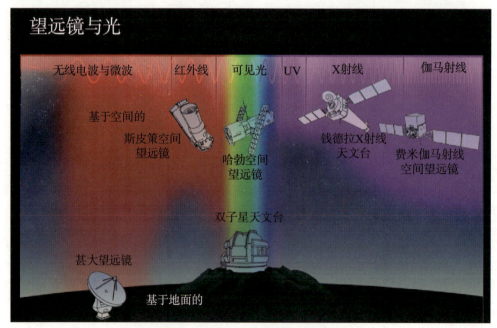

望远镜与光

无线电波与微波　　红外线　　可见光　　UV　　X射线　　伽马射线

基于空间的

斯皮策空间
望远镜

哈勃空间
望远镜

钱德拉X射线
天文台

费米伽马射线
空间望远镜

双子星天文台

甚大望远镜

基于地面的

望远镜与无线电波（来源：NASA）

---

[1] https://lco.global/spacebook/telescopes/radio-telescopes/

1946 年，英国天文学家马丁·莱尔（Martin Ryle，1918—1984）把两根天线同时对准太阳，再把分别采集到的信号叠加，让信号发生干涉。他发现，干涉后的信号不仅提升了强度，还提升了精度。

两根天线构成了一台虚拟的望远镜，它们距离越远，虚拟望远镜的口径就越大[1]。这就是干涉测量技术。

当多台望远镜一起协作的时候，就构成了一个干涉阵列。加入干涉阵列的望远镜，数量越多越好，距离越远越好，覆盖的频率越丰富越好。

马丁·莱尔（左图，来源：APS）

剑桥大学穆拉德射电天文台的固定射电干涉仪（右图，来源：英国剑桥大学）

看起来，似乎把全球所有的射电望远镜都连在一起，就是最好的射电望远镜阵列了，但实际上并没有那么简单。想让大量的射电望远镜一起协同工作，首先要保证射电望远镜都能在共同的频段工作，其次是原子钟的时间校准问题。建造专用的射电望远镜阵列非常必要。

20 世纪 60 年代初，美国国家射电天文台（NRAO）就计划建造一个专用的射电望远镜阵列，来补充巨大的单体望远镜的不足[2]。

建造任何射电望远镜之前，首先要考虑的是它的位置。宇宙无线电波的信号强度是在地球上传输广播信息的无线电波的几十亿分之一。对于射电望远镜来说，任何人类活

---

[1] https://lco.global/spacebook/telescopes/radio-telescopes/

[2] https://public.nrao.edu/telescopes/vla/

动都是无法忽略的巨大干扰。

新墨西哥州的圣奥古斯丁平原位于索科罗西北部,是一片远离城市的平坦沙漠[1]。干旱的沙漠环境,极大地减少了水分子对无线电波的扰动。崎岖的山脉环绕着沙漠,恰好形成了一个天然的无线电屏障,让这里免受几百千米外城市的干扰。

这个人迹罕至、与世隔绝的地方,恰恰是射电天文学理想的天堂。这么好的建造场地,如果不好好利用,那就太可惜了。

1967 年,美国国家射电天文台最终确定了一个前所未有的设计方案。他们决定建造 27 台口径为 25 米的碟形天线[2],每个天线都装备有 8 个不同频段的无线电接收机。碟形天线固定在一个可以全方位转动的三脚架上,总质量可以达到 230 吨。

很有意思的是,这个三脚架并没有被固定在地面上。工程师的设计是,建立三条夹角为 120° 的轨道,每一条轨道都长达 21 千米,两台望远镜之间的最远距离,可以达到 36 千米。工程师还设计了一台大马力的牵引车。在需要望远镜移动位置的时候,就可以用牵引车拖动这些巨大的天线,把它们放在合适的地方[3]。

这样的设计,让这个射电望远镜阵列获得了 Very Large Array 的名字,翻译过来就是甚大阵列望远镜。它不仅具备前所未有的分辨率,还拥有前所未有的灵活性。

1975 年投入使用的第一个天线
（来源：NRAO）

对于这个筹划中的项目,已经是万事俱备,只等开工了。

1972 年 8 月,甚大阵列望远镜项目获得了美国国会的批准,并得到了美国国家科学基金会的全资赞助。1973 年 4 月,工程顺利开工。

1975 年 9 月,甚大阵列望远镜的第一个天线投入使用,并被用来观测 5 000 万光年以外的室女座星系[4]。1976 年,第二个天线完工并顺利完成了首次干涉天文观测。

[1] https://public.nrao.edu/telescopes/vla/
[2] https://www.britannica.com/science/radio-telescope/Radio-telescope-arrays
[3] https://aui.edu/the-very-large-array-astronomical-shapeshifter/
[4] https://www.nrao.edu/pr/2000/vla20/

调试成功后，甚大阵列望远镜进入了加速建造模式。仅仅过去一年，总计就有 6 个天线交付使用。甚大阵列望远镜开始了常规天文观测。

1980 年，第 28 个天线交付使用。至此，甚大阵列望远镜正式宣告落成。比起最初计划的 27 个天线，他们最终多建造了一个备用天线，这样就可以让所有的天线轮换着接受维修保养，有效地保障了甚大阵列望远镜的持续工作能力。

初落成的甚大阵列望远镜（来源：NRAO）

1980 年正式落成时，这个项目总共花费了 7 800 万美元，相当于今天的 4.85 亿美元，是当时耗资最大的射电望远镜项目。

一台望远镜的能力很大程度上取决于两个因素：灵敏度和分辨率[1]。天文学家把它能接收电磁波的微弱程度称为灵敏度，它产生的图像的清晰度则称为分辨率。

然而，灵敏度和分辨率常常无法兼得。为了捕捉微弱的电磁波信号，望远镜需要长时间地收集信号。

通过将天线排列成不同的形状，甚大阵列望远镜可以很好地在灵敏度和分辨率之间进行平衡。对于不同强度的信号源，天文学家可以通过调整甚大阵列望远镜的天线间距

[1] https://aui.edu/the-very-large-array-astronomical-shapeshifter/

来实现最佳的观测模式[1]。

可调节天线间距的甚大阵列望远镜（来源：depositphotos）

计算机会最终整合来自 27 个碟形天线的数据，并生成高分辨率的图像。甚大阵列望远镜生成的图像，可以与直径 35 千米的大型单体望远镜媲美。

甚大阵列望远镜是世界上用途最广的射电望远镜，也是全世界第一台可以利用无线电波生成彩色图像的天文设备。

在 1980 年正式落成之前，它已经接受了超过 5 000 名天文学家提交的 14 000 多个观测项目的申请。这些项目几乎覆盖了天文学中的所有分支，研究成果也数不胜数。

1983 年，科学家利用甚大阵列望远镜拍摄了一张银河系中心的图像[2]。在光学望远镜中，银河系的中心被大量的星际尘埃所笼罩，但在这张照片中，我们可以看到围绕中心黑洞旋转的恒星和由气体尘埃组成的巨大漩涡。这里正是"射电天文学之父"卡尔·央斯基用他那 30 米定向天线对准的地方。

1987 年，天文学家使用甚大阵列望远镜，用巡天的方式拍下了为数众多的射电源。在一张照片中，科学家发现一个遥远的类星体围绕着一个星系中心，形成了多重镜像。这正是爱因斯坦 1936 年预言的引力透镜现象。

---

[1] https://public.nrao.edu/telescopes/vla/

[2] https://public.nrao.edu/telescopes/vla/#science

甚大阵列望远镜拍摄的银河系中心图像（来源：NRAO）

1989年，甚大阵列望远镜受邀参与了旅行者2号飞越海王星时的数据接收工作。这是人类第一次近距离观察太阳系的第八颗行星，也标志着旅行者任务团队结束了对太阳系四大行星的探测任务[1]。这不仅是历史上的第一次，也是最后一次，从那以后再也没有其他航天器造访过海王星。

多亏了有甚大阵列望远镜的参与，旅行者2号大量珍贵的数据和图像才

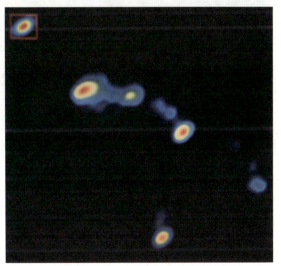

甚大阵列望远镜拍摄的这幅图像证明了引力透镜现象的存在（来源：NRAO）

---

［1］https://www.nasa.gov/feature/jpl/30-years-ago-voyager-2s-historic-neptune-flyby

得以顺利地传回地球。这正是本章开头讲述的那段故事。

1991年，行星科学家计划让直径70米的戈德斯通深空通信望远镜用50万瓦的发射机，以8.5GHz的频率向水星发射探测信号来观察水星表面。但是，水星不仅太过遥远，还距离太阳太近。经过计算，当时的单体射电望远镜都没有把握完成信号回波的接收任务。最后，甚大阵列望远镜不仅圆满完成了任务，还为水星拍摄了清晰的雷达波反射图像。

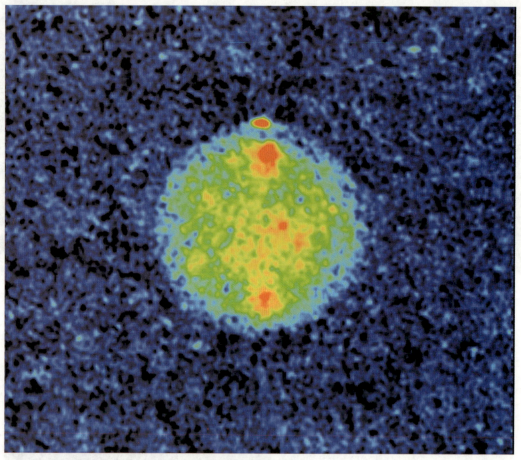

这张水星图像就是这次雷达实验的结果，该雷达使用位于加利福尼亚州戈德斯通的
NASA JPL/DSN 的70米天线作为发射器，甚大望远镜阵列（VLA）作为接收器
（来源：NRAO）

2001年，甚大阵列望远镜为了提升自身的探测能力，开始了一次彻底的设备升级工作。在后来的10年里，几乎所有的电子设备都被更换了一遍。升级完成的甚大阵列望

远镜的灵敏度提高了 10 倍。每个天线产生的数据量达到了过去的 100 倍[1]。这是一次脱胎换骨式的变化。

美国射电天文台的工作人员吉姆·康登（Jim Condon）说："经过 10 年的升级，甚大阵列几乎可以识别出所有来自银河系以外的射电源。以前，从背景辐射当中识别出如此微弱的信号，是不可想象的事情。[2]"

为了纪念甚大阵列这种脱胎换骨式的变化，工作人员认为，有必要为甚大阵列望远镜起一个响亮的新名字。他们随后向社会公开征集新名字。

2012 年 3 月 31 日，管理团队宣布了甚大阵列望远镜的新名字——"卡尔·央斯基甚大阵列"[3]。时隔 80 年，射电天文学的先驱与先锋终于在这里实现了"握手"。

翻新后的卡尔·央斯基甚大阵列（来源：depositphotos）

2017 年 9 月，卡尔·央斯基甚大阵列的巡天计划启动了。

［1］https://skyandtelescope.org/astronomy-news/iconic-radio-telescope-begins-search/
［2］https://www.nrao.edu/pr/2013/vladeep/
［3］https://www.nrao.edu/pr/2012/jansky/

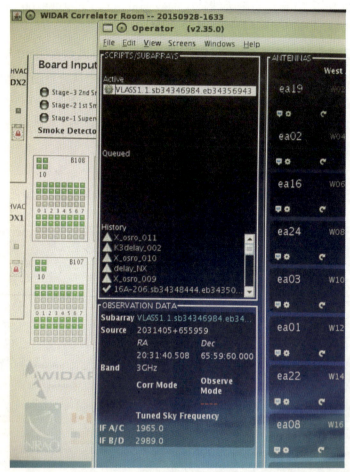

甚大阵列望远镜正式开启巡天任务（来源：NRAO）

　　这项巡天计划将持续 7 年时间，观测时间超过 5 500 个小时。其间，甚大阵列望远镜会 3 次扫描 80% 的天空，每次扫描的间隔为 32 个月。天文学家们希望通过这次巡天任务，发现 1 000 万个新天体，这个数量将是目前已知天体数量的四倍。[1]

　　美国射电天文台承诺，所有的巡天数据都会在观测完成后的几星期内公开，供全世界的天文学家使用。截至 2022 年 3 月 10 日，第二次天空扫描的数据已经发布[2]。这个巡天计划仍在继续，不过它已经成为有史以来最完整、最详尽的天体无线电波发射源地图。

----

[1] https://skyandtelescope.org/astronomy-news/iconic-radio-telescope-begins-search/

[2] https://archive-new.nrao.edu/vlass/quicklook/

天文学家可以根据这张地图，分辨出可见光望远镜中被尘埃云隐藏和遮挡的真相。可能在未来很长的一段时间内，这些数据都将持续对超新星、中子星以及超大质量黑洞的研究提供帮助。

沿着美国 60 号公路，从索科罗向西行驶，绵延的山脉环抱着平原，为这条漫长而空旷的道路指引着方向。在公路两旁，你很可能会遇到鹿、羚羊和自由漫步的牛，而看不到一个人。但是无须怀疑，这里一定是地球上最让你感到神奇的地方之一。

沿着美国 60 号公路可以来到甚大阵列望远镜（来源：NRAO）

这里不仅有洁净的天空和迷人的风光，而且还有 27 座巨大的天线，它们每隔一段时间就会变换阵型，就像是全人类的忠诚哨兵，在巨大的荒原上默默聆听着来自宇宙深处的声音。

郭守敬望远镜：
一眼千星

北京时间 2019 年 11 月 28 日上午 9：30，中国国家天文台正在举行一场新闻发布会[1]。讲台上的刘继峰研究员身穿深色西装，白衬衫上扎了一条大红色的领带，显得特别的喜气。这场新闻发布会非常重要，台下坐满了重量级媒体的记者，《人民日报》、新华社、《光明日报》、中央广播电视总台、美联社、路透社、法新社等国内外数十家知名媒体的记者都到场了。

发布会开始后，刘继峰研究员非常自豪地说道：

这次我们利用 LAMOST 的重大发现，摘取了该领域的"圣杯"。为此，美国引力波天文台的台长大卫·莱滋（David Reitze）先生，特地给我们发来贺信说，祝贺你们，这一非凡的成果将与过去四年里引力波天文台探测到双黑洞并合事件一起，推动黑洞天体物理研究的复兴。

双黑洞并合（来源：depositphotos）

那么，到底什么样的发现能与 2016 年的那次轰动全世界的引力波事件相提并论呢？很多人误以为黑洞已经是一个很古老的概念，天文学家们在宇宙中已经发现了很多很多黑洞。实际上，迄今为止人类在银河系中经观测确认的黑洞有二十多个。发现黑

---

［1］https://share.gmw.cn/topics/2019-11/27/content_33352823.htm

洞，准确地说，找到某个黑洞确凿的观测证据，即使在天文学如此发达的今天，依然是极为重要的发现，更不要说我们发现了一个超出现有人类认知的黑洞。

　　是的，我们完全可以自豪地说，这是中国天文学家为世界天文学贡献的一项"圣杯"级的发现，它极有可能彻底改写人类现有的恒星演化理论。而作出这一重要发现的功臣，就是本章故事的主角，位于河北省兴隆县的郭守敬望远镜，即大天区面积多目标光纤光谱天文望远镜（LAMOST）。2010年，它被正式冠名为"郭守敬望远镜"，名字来源于发明过多种观测仪器的元代天文学家郭守敬。

郭守敬望远镜（来源：CC0 Public Domain）

　　那么，新发现的这个黑洞到底有什么特殊之处，为什么说极有可能改写教科书呢？先听我讲讲LAMOST的故事。

　　20世纪80年代前，中国几乎没有自主知识产权的大型专业天文望远镜。建造我国

郭守敬望远镜:
一眼千星

自己的大型天文望远镜,一直是老一辈天文人的夙愿。

长期以来,在天文望远镜的设计领域中始终存在一对貌似无法兼得的性能,即大口径和大视场,它们就像鱼和熊掌。熟悉摄影的朋友都知道,越是像大炮一样的"打鸟"镜头,其取景范围越小。那些超广角的镜头,反而可以做得很小巧。这就是大口径和大视场之间的矛盾,简略地说,就是"看得远"和"看得广"无法兼得。

在 20 世纪 90 年代,以王绶琯、苏定强院士为首的我国天文工程团队创造性地提出了一套"鱼和熊掌一口吞"的方案,这就是郭守敬望远镜(LAMOST)的建造方案。它瞄准的是国际天文界亟待解决的大口径与大视场的矛盾,希望开辟中国自主研制大口径望远镜的发展道路。

1997 年,LAMOST 方案通过审核并正式立项,这是我国首个天文大科学工程。

你一定很想知道,我国的望远镜研发团队是如何解决大口径和大视场矛盾的。解决方案的关键是光纤。LAMOST 的整体结构是一台施密特反射式望远镜。来自星空的光线首先被一块称为 MA 的平面主镜反射到一块叫 MB 的凹面主镜上。光线被汇聚到MB 镜的焦面,在焦面上迎接这些光线的是 4 000 根光纤。这些光纤会把来自不同方向的光线精准地导入光谱仪中。这个设计极为精巧。正因为有了 4 000 根光纤,理论上我们最多可以同时观测 4 000 颗不同恒星的光谱。这就相当于获得了一个超级大的视场。因此,LAMOST 并不像传统的光学望远镜那样能拍出很漂亮的天体照片,它拍到的是天体的光谱。

这个原理讲起来容易,做起来那可难了。

首先,为了降低建造成本,LAMOST 的两块主镜分别是由 24 块和 37 块六边形的小镜子拼接而成的。望远镜指向不同的方向时,受到地球重力的影响也会有一点差异,因此我们就需要随时调整每一块镜面的精确位置,以此达到精确跟踪天体的目的。为了能让拼接镜面可以像一整块镜片那样工作,研发团队在每一块镜片的后面安装了促动器。这些促动器的作用除了承载镜面的重力,更重要的是调整镜面的形状。通过计算机的算法来实现千分之一毫米级的实时调整,这种技术称为主动光学技术。中国的科研团队在主动光学技术上的创新,使得 LAMOST 项目的完成成为可能。

让 4 000 根光纤中的每一根都能精确地对准一个天体,也是一项极其困难的工程难题。LAMOST 解决这项难题的绝招叫"分区工作并行控制的光纤定位系统"。此系统将直径 1.75 米的焦面分成 4 000 个直径 33mm 的小圆,在每个小圆上放置一个可旋转的光纤定位单元,在每个单元上放置一根光纤。然后,运用计算机进行精确控制,使得望远镜可在数分钟内将焦面上的 4 000 根光纤按星表位置精确定位。

直径 1.75 米的焦面（来源：LAMOST 官网）

光纤定位单元（来源：LAMOST 官网）

与硬件配套的软件也同样重要。LAMOST 团队在建造强大硬件系统的同时，也打造了一套非常先进的光线分析软件系统。

郭守敬望远镜：
一眼千星

　　由于天体的光线要经过大气层、望远镜、光纤、光谱仪等介质，中间还混杂着杂散光的干扰才最终形成原始光谱，所以原始数据是没有办法拿来直接用的，需要一套复杂的算法进行数据处理。这套由我国科学家团队自主研发的软件从 2004 年起就一直没有停止过版本的迭代。软件系统经历了 3 000 多次更新，累积了 8 万多行代码，保证了 LAMOST 的数据精度达到国际先进水平。

　　经过五年的建设，LAMOST 终于在 2009 年 6 月顺利通过验收，并开始投入工作。

郭守敬望远镜与银河（来源：LAMOST 官网）

　　在许多人的印象中，天文学家是坐在天文望远镜前观测天空的。其实，这已经是很古老的印象了。现代天文学家一般都是先用望远镜收集天体的图片和其他数据，再利用这些图片和数据去分析天体的信息。LAMOST 捕捉的是天体在可见光波段的光谱。光谱犹如人的指纹，各不相同。恒星中包含不同的元素，发出的光具有独特的光谱。更重要的是，天体的运动也会改变自身的光谱特征。因此，天文学家只要能得到星体的光谱，就能通过光谱分析出这个天体的物质构成、运动速度、距离远近等众多性质。把光谱比喻成恒星的身份证一点都不过分。

　　LAMOST 的第一项重大成果便是巡天光谱数超过千万条。2019 年 3 月，LAMOST

7年巡天光谱数据正式发布，里面包含了1 125万条光谱，约是国际上其他巡天项目发布光谱数之和的2倍。至此，郭守敬望远镜巡天成为世界上第一个获取光谱数突破千万量级的光谱巡天项目。这些光谱数据可以说是当今世界上天区覆盖最完备、巡天体积和采样密度最大、统计一致性最好、样本数量最多的天文数据集。国内外有上百所科研单位和大学正在利用这些数据开展研究工作。

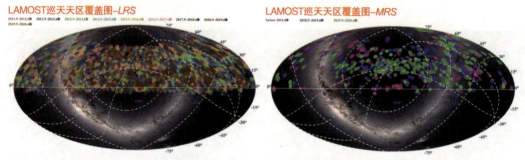

郭守敬望远镜的"巡天足迹"（来源：LAMOST官网）

在LAMOST团队为其获得庞大的光谱数据感到骄傲之时，它在同年11月的另一项意料之外的重大发现，又让成员们兴奋不已！为了这项发现，国家天文台特地召开了一次级别非常高的新闻发布会，这在历史上也不多见。这便是本章开头所描述的那一幕。

想弄清LAMOST团队到底作出了一项怎样重大的发现，我要先给你讲一点有关黑洞形成的基础知识。

你可能知道，黑洞是恒星生命的终点。如果一个黑洞是由一颗恒星坍缩形成的，我们就把这类黑洞称为恒星级黑洞。一颗恒星最终能坍缩成多大的黑洞，不仅与这颗恒星的初始质量有关，还与它的金属丰度和质量损失过程有关。金属丰度是指除了氢和氦以外其他所有元素在恒星中的含量。大质量恒星的金属丰度越低，星风损失率就越低，核心坍缩形成的黑洞质量就越大。因此，并不是恒星的初始质量越大，就能形成越大的黑洞。

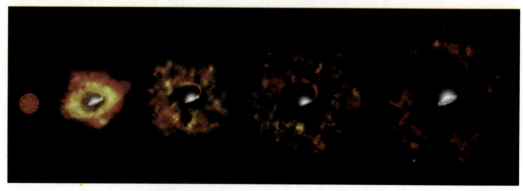

一颗恒星变为黑洞的过程（来源：NASA）

按照目前教科书级的恒星演化理论，在太阳的金属丰度下，一颗恒星的质量即使达到太阳的 100 倍甚至更多，在经过一系列物质损失后，其演化出的恒星级黑洞也不会超过太阳质量的 25 倍。换句话说，恒星级黑洞的质量理论上不能超过太阳质量的 25 倍。这个理论在过去的观测中多次得到证实。人类已经找到的二十多个恒星级黑洞的质量都在 20 倍太阳质量以内，完全符合理论的预言。

然而，中国天文学家的发现却让这个教科书级的经典恒星演化理论出现了危机。

LAMOST 在双子座附近的天区发现了一颗特殊的恒星，所有的光谱特征都表明这颗恒星和另一个看不见的黑洞组成了双星系统，它们绕着共同质心旋转。我们之前说过，在银河系中发现一个新的黑洞已经是非常重要的天文发现了。天文学家们当然很开心，他们把这个黑洞命名为 LB-1，意思就是 LAMOST 发现的第一个黑洞。

恒星和黑洞围绕共同质心旋转，天文学家就可以根据恒星的质量和它们的绕行周期计算出黑洞的质量。经过仔细测算，天文学家们确定，LB-1 的质量大约是太阳质量的 70 倍。

恒星与黑洞绕着共同质心旋转（来源：NASA）

但这个质量一算出来，天文学家们马上就感到很疑惑：这个黑洞的质量怎么会那么大呢？它远远超过了恒星级黑洞的质量上限，这就有点奇怪了。

　　一般来说，当天文学家发现一颗恒星和一个黑洞构成双星系统时，最自然的情况就是该黑洞起源于原初双星系统。也就是说，原本有两颗恒星互相绕着转，但随着时间的推移，其中一颗恒星坍缩成了黑洞。双星系统一般都起源于同一片宇宙尘埃云，因此双星系统的两颗恒星的金属丰度也基本相同。

　　这次 LB-1 的伴星有着与太阳相似的金属丰度。按理说，形成 LB-1 黑洞的恒星也应该和太阳金属丰度相似，所以在现有的恒星演化理论下，LB-1 的质量不应该超过太阳质量的 25 倍。

　　这样一来，天文学家们不得不推翻了 LB-1 起源于原初双星系统的假设。那么，就只剩下了一种假设：这颗伴星可能是被黑洞后天俘获的。也就是说，LB-1 黑洞在太空中游荡，吞吃了很多恒星后慢慢长到了现在的质量。然后，它又遇到了现在的这颗恒星，并把它俘获了。

　　然而，这个假设也被 LAMOST 进一步的观测否定了，证据也很充分。什么证据呢？就是 LB-1 黑洞与伴星互相绕着旋转的轨道是近似圆形的，这个证据非常充分。我给你解释一下原因。

　　你想象一下有一个黑洞在宇宙中游荡，当有恒星靠近它时，黑洞的引力就像一只无形的手抓住恒星。根据万有引力定律，我们可以计算出，恒星与黑洞组成的绕转轨道一开始肯定是一个偏心圆，不可能是一个正圆形。当然，天体动力学的计算表明，随着时

宇宙中的恒星与黑洞（来源：depositphotos）

间的推演，这个轨道会慢慢地变圆，这个过程称为轨道圆化。

轨道圆化的速率取决于黑洞对恒星的潮汐力大小。潮汐力越大，则圆化的速率越大，反之越小。这种运动过程是人类从牛顿时代就已经掌握的天体物理学知识，千锤百炼，不会错，我们现在可以在计算机中精确地模拟。

但是，我国的天文学家通过计算机模拟，发现要让 LB-1 和伴星的轨道圆化成现在的样子，所需时间超过了宇宙的年龄！换句话说，俘获说也不可能成立。

如此一来，LB-1 成了现有的任何天文学理论都无法解释的一个异类。正因为这项发现如此重大，LAMOST 团队用了三年的时间反复验证数据，并且请求西班牙的 10.4 米口径加纳利望远镜和美国的 10 米口径凯克望远镜协助观测，才敢最终确定。刘继峰研究员说，他们给《自然》期刊投稿的时候，审稿人给他们提了很多问题。经过反复修改打磨，论文才最终得以发表。

成果来之不易，但坚如磐石，这是中国天文学家对人类现代天文学作出的重大贡献之一。因为任何一个有可能推翻现有教科书级理论的发现，都有可能对人类的科学事业产生巨大的推动。

现在，LB-1 的难题摆在了天文学家们面前。它依然还是一个未解的宇宙之谜。这是一个处于正在进行时的天文发现，我们可以一起期待天文学家们破解 LB-1 成因之谜的那一天。

作为我国的巡天利器，LAMOST 望远镜的成果不仅仅是在黑洞方面，它还在银河系结构与演化、恒星物理研究、特殊天体搜寻等前沿领域中取得了一系列研究成果。

2019 年 4 月，LAMOST 发现了一颗重元素含量超高的恒星，这颗与众不同的恒星成功引起了天文学家的兴趣。我国的天文学家与日本国立天文台的天文学家合作，将这颗恒星的化学成分分别与矮星系恒星和银河系银晕恒星进行了细致比较。结果发现这颗恒星的化学成分与矮星系恒星高度吻合，却和银河系银晕恒星不一样。这说明该恒星来自矮星系而非银河系，是银河系并合矮星系事件的确凿证据[1]！此类重元素含量超高的恒星为研究银河系的并合历史提供了理想的工具，加深了人们对星系形成和演化的认识。

2020 年 12 月，中国国家天文台从 LAMOST 和盖亚空间望远镜取得的数据中发现了 591 颗高速恒星，这些恒星的运动速度远远大于其他恒星的。其中 43 颗能够摆脱银河系引力束缚，最终飞出银河系。在此之前，天文学家们通过望远镜一共才发现了 550 多颗高速星，而此次发现将人们发现的高速星数量翻了一倍，总量直接突破了 1 000 颗，

[1] http://www.bao.ac.cn/xwzx/gdtpxw/201904/t20190430_5286544.html

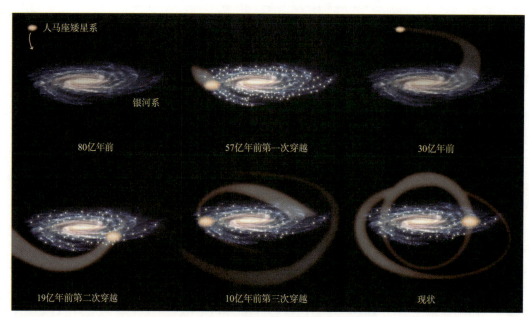

银河系并合矮星系的过程（来源：ESA）

大大扩充了高速星的样本，为天文学家们研究高速星提供了更多的资料，在高速星的研究史上具有重大的意义。

"逃离"银河系的高速恒星（来源：NASA）

在银河系科学与恒星科学方面,LAMOST 是世界上能力最强、成果最丰硕的望远镜之一。但这些成就仅仅是它传奇的开始。我国将启动郭守敬望远镜二期工程[1],并将 LAMOST 望远镜搬至地理环境更优越的青海省冷湖镇。按照二期工程的计划,郭守敬望远镜的口径将从 4.9 米增大至 8.4 米,光纤数从 4 000 根增大至 12 000 根,极限星等将从 17.8 增大至 21,巡天规模将从千万级光谱增大至亿级光谱。二期工程建成之时,借助其光谱数和极限星等的增大,LAMOST 将不仅是银河系的"守望者",还会成为为宇宙"画像"的超级望远镜。不出意外,二期 LAMOST 的观测数据会再次刷新人类对宇宙的认知。

冷湖(来源:depositphotos)

古代的中国曾经拥有世界上最好的观星台和全世界最敬业最优秀的天文记录者,成就了我国古代天文学的辉煌。但是进入近现代后,中国的天文事业曾明显落后于西方发达国家。不过最近十多年来,我国的天文事业取得了长足的进步,一个个观天神器拔地而起,LAMOST 只是它们中的一员。后面的章节中还会有来自中国的大型天文台出场亮相。随着神州大地上一个又一个观天神器的落成,世界天文学的中心正在从西方走向东方。时代转换的大幕正在缓缓拉开,属于中国人的天文学新时代即将来临。

---

[1] https://m.gmw.cn/baijia/2021-12/07/35365022.html

智利 ALMA 望远镜：
宇宙生与死的见证者

　　读到这里，相信你们对望远镜已经有了很多了解。作为人类眼睛的拓展，天文望远镜可以帮助人类看向遥远的宇宙。在天文望远镜领域中，各国科学家对毫米级波段的射电望远镜一直有着极强的兴趣。因为在这个波长范围内，射电望远镜主要捕捉的是以分子形式存在的物质。它不仅能观测天体的运行规律，还能捕获到水和有机物的踪影。但是，想要修建毫米波级射电望远镜，并非一件易事。因为相对于米级或厘米级的射电望远镜，毫米波射电望远镜对天线和发射面的精度要求更高。如果望远镜的天线，也就是经常被我们比喻为"大锅"的那个接收面，它的表面不够光滑或设计的角度有细微的偏差，都会造成望远镜的失焦，也就无法得到理想的观测结果。制作工艺上，米级射电望远镜用金属网做镜面就可以了，而毫米波射电望远镜就需要用光滑精密的金属板或镀膜来做镜面。另外，射电望远镜的观测能力又与天线的口径大小有关。口径越大的望远镜，理论上观测的精度就越高。这就意味着科学家和工程师们必须要在观测精度和制造天线的难度之间找到一个平衡点。

64 米口径帕克斯射电望远镜（来源：CSIRO）

莫纳克亚山史密森亚毫米阵列（来源：depositphotos）

　　不过，除了可以通过增大口径的方式提高精度外，还可以通过将一系列小的天线按照一定的排列规律组成阵列进行观测，这在功能上等同于一台大口径的望远镜。就像试衣间里的镜子，一面落地镜可以清楚地反射模特的身材，而用一组小镜子拼接而成的镜子也能实现类似的效果。小天线的建造难度自然要比建一口超级"大锅"容易得多。

　　虽然建造难度降低了，但想要达到大口径望远镜的能力，小天线的数量自然是少不掉的，这无形中增加了建造的费用。美国 20 世纪末在夏威夷建造了由 8 个小天线组成的射电望远镜 SMA，当时足足花了数十亿美元，而每年仅维护的费用就高达 700 万美元[1]。即使对美国这样的大国，这笔开销也绝不是个小数字。SMA 项目完成后，美国又计划建造一台规模更大的毫米波射电望远镜，但由于高昂的费用，新项目只能一直搁浅。

---

［1］引自 The Submillimeter Array 委员会报告，参见 https://lweb.cfa.harvard.edu/sma/Committees/

亚毫米波阵列望远镜（SMA）（来源：CC0 Public Domain）

　　无独有偶，欧南台对毫米波射电望远镜也有自己的打算，但同样因为经费问题迟迟没有开建。1995 年，两个天文台开始讨论，既然单独计划困难重重，那何不双方合作共同建设一个举世无双的毫米波射电望远镜阵列？双方合作的意愿很强烈，但这个庞大的射电望远镜阵列计划还是拖到了 21 世纪初才最终定了下来[1]。在此期间，日本国家天文台也加入了这项计划。

　　2003 年，经过前期紧锣密鼓的筹备，ALMA 项目终于破土动工。按照计划，这个总投入高达 14 亿美元的项目将由 66 根小天线组成，其中美国和欧洲各负责组装 25 根天线，剩余的 16 根天线则由日本国家天文台修建。但是，这个世界顶级的射电望远镜项目，选址既不在美国，也不在欧洲，而是选择了南美洲智利的阿塔卡马沙漠，这也是它名字的由来。由于季风和地形的因素，阿塔卡马沙漠是全球最干燥的区域之一，常年降水量小于 0.1 毫米；当地的平均海拔超过了 4 000 米，受到云层的影响非常小。由于环境恶劣，方圆几千里都没有人烟，不会有人为的电磁波来干扰观测。假如用一句话来描述这里的环境，我会这样说："这是地球上最像火星的地

---

[1] 引自 ALMA 官网介绍 https://www.almaobservatory.org/en/about-alma/origins/

方。"所以，当 ALMA 开始动工建设时，这个工程不太像建望远镜，更像是人类在火星上建立基地。

科学家们最终选择在智利的查南托高原建造 ALMA（来源：ESO）

2008 年，又经过了 5 年多前期的基础建设，第一根天线终于伫立在了这片红色的土地上。而要把 66 根小天线都组装搭建完，还需要 5 年。对天文学家们来说，这个时间实在是太长了。所以，2011 年 ALMA 虽然只布设了 11 根天线，科学家们就忍不住交给它一个重要的任务，期待阿塔卡马能带来惊喜。

虽然只完成了五分之一的建设，但 ALMA 接到的第一个任务一点也不轻松，那就是配合号称"天空之眼"的哈勃空间望远镜共同进行观测。7 000 万光年之遥的乌鸦座正在发生着惊心动魄的场面：两个星系正在擦肩而过，无数恒星正在以惊人的速度和规模大量生成，这种星系称为星暴星系，无数旧的恒星被引力撕碎湮灭，而无数新的恒星也在碰撞中爆发形成。

哈勃拍摄到的乌鸦座的星暴星系（来源：ALMA 官网）

ALMA 捕捉到的乌鸦座的星暴星系（来源：ALMA 官网）

哈勃望远镜很快就为人类呈现了一个绝美的画面：在可见光的领域中，哈勃清晰地纪录了两个星系正在接近，彼此还保持着一定的距离。这个画面虽然精彩，却没有出乎科学家们的意料，他们更感兴趣的是阿塔卡马在毫米级波段能够观察到什么。

ALMA 没有让天文学家失望，它为我们带来了更加惊人的真相：两个星系看似尚未接触，但实际上它们喷发出的致密冷气体云早已经混合在一起。这些气体的总质量是太阳质量的数十亿倍，无数的恒星正在这团混沌中等待着新生。

　　ALMA 的初战告捷，让天文学家们对它有了巨大的期待。一位科学家不禁感慨道：
"ALMA，正在慢慢睁开自己的眼睛。"[1]2012 年，全球的科学家开始有了一个更加雄心勃勃的计划。这项"事件视界望远镜计划"希望用人类目前已有的天文望远镜去寻找黑洞的踪迹。但是，在 ALMA 完全竣工之前，受限于精度，这个宏伟的计划暂时还不能实现，科学家们只能继续耐心等待 ALMA 完全睁开自己的"眼睛"。

完工后的 ALMA（来源：ESO）

　　2013 年 3 月 14 日，经过漫长的等待，当第 66 根小天线架设完毕时，人类历史上最灵敏的射电望远镜之一的 ALMA，真正开始了自己的探索之旅。而庆祝这项伟大工程最好的纪念，是当天出版的《自然》和《天体物理学》杂志同时刊登了一篇基于 ALMA 观测数据所撰写的论文[2]。这篇论文让人类对宇宙有了新的认识。

　　通过对宇宙中 26 个不同区域的观测，ALMA 带给人类一个惊人的结论：恒星形成的时间远早于我们的想象。按照此前的观点，宇宙形成 30 亿年后，恒星才开始大量出现。而 ALMA 则用观测证据告诉人类，恒星早在宇宙形成 20 亿年左右时就大量出现了[3]。10 亿年的时间，即使在天文学的时间尺度上，也是一个非常漫长的过程。伴随着恒星出现时间的提前，很自然地，行星出现的时间也大幅提前。更加震撼的是，ALMA

[1] ALMA Opens Its Eyes. https://www.almaobservatory.org/en/press-releases/alma-opens-its-eyes/

[2] Vieira J D, Marrone D P, Chapman S C, et al. Dusty starburst galaxies in the early Universe as revealed by gravitational lensing[J]. Nature, 2013, 495(7441):344−347,a3.

[3] ALMA Rewrites History of Universe's Stellar Baby Boom https://www.almaobservatory.org/en/press-releases/alma-rewrites-history-of-universes-stellar-baby-boom/

夜晚银河下的 ALMA（来源：ESO）

还在距离地球约 130 亿光年外的星系中检测到了水和一氧化碳的痕迹，这是人类在宇宙中找到的最遥远的水[1]。既然生命出现的基本条件都比过去预测的要更早和更常见，而且看似平凡无奇的地球能够产生智慧生命，那么其他行星是否也能产生呢？至少 ALMA 用自己的发现，让这个遐想多了几分可能性。

　　既然 ALMA 异乎寻常灵敏，可以见证恒星的诞生，那么给黑洞拍摄照片的任务也终于等到了可以实施的这一天。自从爱因斯坦提出广义相对论，用理论呈现了黑洞这种神奇的存在后，有关它是否真实存在的争论就从来没有消失过。恒星死亡后真的有可能变成连光都逃离不了的奇怪天体吗？黑洞不仅成了天体物理学最热门的研究目标，也成为普通人街头巷尾议论的话题。

　　想要证明有黑洞，最好的办法自然是让人类亲眼见证。但这就变成了一个悖论：既然黑洞质量大到连光都无法逃离，人类又怎么能通过观测发现它的存在呢？

　　不过这件事并没有难倒科学家。虽然我们不能直接观测黑洞的存在，但可以通过间接的手段去观测。就像风虽然看不见摸不着，但是我们可以通过旗子的抖动来证明风的存在。每一个超大质量星系的中心都存在着一个黑洞。黑洞尽管可以吞噬一切，但在吞噬过程中会在外围形成明亮的吸积盘。所以只要将射电望远镜对向星系的正中央，通过验证是否存在吸积盘，就能间接观测黑洞。

　　由于 ALMA 的加入，这个观测黑洞的计划终于开始实施了。与 ALMA 共同参与的还有地球上不同区域的另外 7 台射电望远镜。正如用 66 根小天线组成 ALMA 一样，利用分布在全世界不同区域的射电望远镜，同样可以组成一个口径更大的射电望远镜。这

［1］ALMA Scientists Detect Signs of Water in a Galaxy Far, Far Away
　　　https://www.almaobservatory.org/en/press-releases/alma-scientists-detect-signs-of-water-in-a-galaxy-far-far-away/

次，科学家们将整个地球变成了一台巨大的望远镜。观察期间 8 台望远镜都对准同一个目标，在精度和距离上人类终于达到了观测黑洞的能力要求。很快，科学家们就把所有的望远镜对准了 5 500 万光年之外一个代号 M87 的超巨椭圆星系的中心。

Event Horizon Telescope (EHT)
A Global Network of Radio Telescopes

2018 Observatories

ALMA	Atacama Large Millimeter/submillimeter Array	CHAJNANTOR PLATEAU, CHILE
APEX	Atacama Pathfinder EXperiment	CHAJNANTOR PLATEAU, CHILE
30-M	IRAM 30-M Telescope	PICO VELETA, SPAIN
JCMT	James Clerk Maxwell Telescope	MAUNAKEA, HAWAII
LMT	Large Millimeter Telescope	SIERRA NEGRA, MEXICO
SMA	Submillimeter Array	MAUNAKEA, HAWAII
SMT	Submillimeter Telescope	MOUNT GRAHAM, ARIZONA
SPT	South Pole Telescope	SOUTH POLE STATION
GLT	The Greenland Telescope	THULE AIR BASE, GREENLAND, DENMARK
Kitt Peak	Kitt Peak 12-meter Telescope	KITT PEAK, ARIZONA, USA
NOEMA	NOEMA Observatory	PLATEAU DE BURE, FRANCE

Observing in 2020

截至 2022 年事件视界望远镜的分布图，其中 30–M、Kitt Peak 及 NOEMA 未参加
2017 年的黑洞成像（来源：NSF）

2017 年 4 月 5 日至 14 日，从北极的格陵兰岛到南极大陆冰盖的最高点，全球 8 台顶级的射电望远镜都把目光对准了 5 500 万光年之外的 M87。10 天的观测产生了海量的数据，仅仅一台望远镜产生的数据量就高达 7PB，相当于 10 万张蓝光版本《星际穿越》影片数据量的总和。由于数据量实在太大，已经超过了目前国际宽带传输能够承载的上限，所以这些数据只能拷贝到硬盘上，再被源源不断地运往美国和德国的两个数据处理中心[1]。

经过 2 年多的数据处理，这些数据最终汇聚成了一张图片，这就是那张大名鼎鼎的、人类拍摄的第一张黑洞的图像。这张照片总体拍摄的尺度有 1 000 亿千米。图片中央的黑洞，由于距离我们有 5 500 万光年，因此在天空中看来尺寸非常小，只有 41 微角秒。观测的精度相当于在地球上看清月球表面上一张信用卡的信息。正是由于 ALMA 的参与，才让这个看似不可能完成的任务成为了可能。

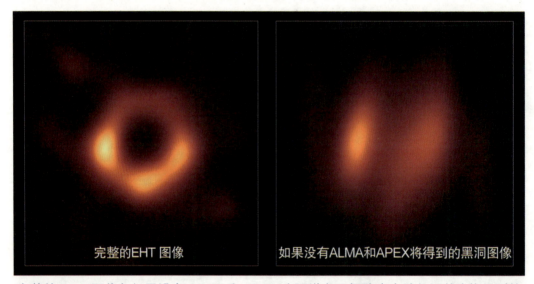

完整的 EHT 图像 与 如果没有 ALMA 和 APEX（阿塔卡马探路者实验望远镜）将得到的黑洞图像的对比（来源：ESO）

2018 年 6 月，ALMA 建成不过 5 年，但基于它观测数据所产生的第 1 000 篇论文正式发表了。在它灵敏的"目光"之下，人类对宇宙有了更深入的了解。作为人类目前最深邃的"眼睛"，ALMA 在很长时间内还会继续用冷静的目光见证宇宙中的诞生与死亡。

[1] Vincent L. Fish; Kazunori Akiyama; Katherine L. Bouman; 等 . Observing—and Imaging—Active Galactic Nuclei with the Event Horizon Telescope. Galaxies. https://www.computerworld.com/article/2972251/massive-telescope-array-aims-for-black-hole-gets-gusher-of-data.html

　　相对于宇宙的尺度，人类实在太过渺小。或许人类文明迟早有一天会消失在宇宙中，对宇宙来说，人类文明存在的时间不过是一瞬间。但是，我坚信，在我们的宇宙中，一定会留下人类文明曾经存在过的痕迹。这种信仰让我身为渺小人类的一员，依旧充满无上的荣耀。正如莎士比亚那句著名的诗句所言："纵使我身陷于果壳之中，我依然是无限宇宙之王。"

星空下的 ALMA（来源：ESO）

2019 年 4 月 10 日，美国东部时间上午 9 点，一场盛大的新闻发布会在全球 7 个地点同时召开[1]。在美国华盛顿的主会场，为哈佛大学天体物理中心主任、著名的天文物理学家谢普德·多尔曼（Sheperd S. Doeleman）难以掩饰自己的激动。他兴奋地说道："我们已经看到了我们曾经认为不可能看到的东西。"他停顿了一下，然后抬高了嗓门继续说道："我们不仅看到，并且拍下了黑洞的照片。"[2]顿时，会场内响起了震耳的欢呼声和掌声。

随后，一张照片展现在全世界的面前。黑色背景之下，有着一个类似甜甜圈的天体。虽然图片看起来并不算太清晰，像是没有对上焦，有点虚，但对人类来说，它是一幅可以永远载入史册的伟大照片，这是人类第一次拍摄到黑洞的影像。它的出现意味着人类对宇宙的探索迈向了新的阶段。我们本章故事的主角，位于智利北部阿塔卡马沙漠的阿塔卡马大型毫米波 / 亚毫米波阵列（ALMA），也为这张照片作出了重要的贡献，称为"宇宙生与死的见证者"。

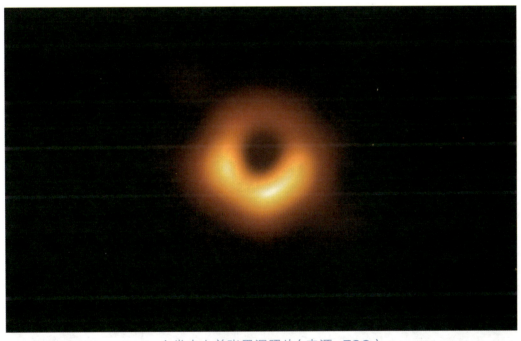

人类史上首张黑洞照片（来源：ESO）

［1］新华网：人类史上首张黑洞照片 10 日面世 http://www.xinhuanet.com/world/2019-04/09/c_1124343707.htm
［2］Lisa Grossman, Emily Conover . "The first picture of a black hole opens a new era of astrophysics". Science News. Retrieved April 10, 2019.

"中国天眼"：
新"皇"登基

　　2002年的一天下午，在北京中国科学院国家天文台的一间办公室内，几位重量级专家正围着会议桌讨论着什么。桌上凌乱地叠放着一堆照片，照片中呈现的是当时世界上最大的射电望远镜——阿雷西博射电望远镜各个角度的样子。

　　会议桌一角的任革学教授盯着一张馈源舱特写照片看了许久。馈源舱是射电望远镜的核心设备，一般固定在望远镜的正上方，收集来自望远镜反射面板聚集的宇宙信号。

阿雷西博射电望远镜的馈源舱（来源：depositphotos）

　　他在把这张照片递给对面的500米口径球面射电望远镜（FAST）项目总工程师南仁东研究员时说："阿雷西博的反射面板是完全固定的球面，它通过球面和抛物面相似性原理，对远方的目标进行粗略观察，再通过格里高利三镜反射馈源舱采集信号，这么复杂的馈源舱再加上不锈钢外壳，质量足足有900吨。如果FAST也采用同样的设计方案，这个馈源舱估计将近万吨[1]，而且按照传统设计建造，这个质量可能没法直接安装在超过500米跨度的横梁上。"

　　南仁东研究员沉思了一下说："我们可能要打破这个传统，用一种从来没有过的全

_____

[1] https://www.thepaper.cn/newsDetail_forward_1534392

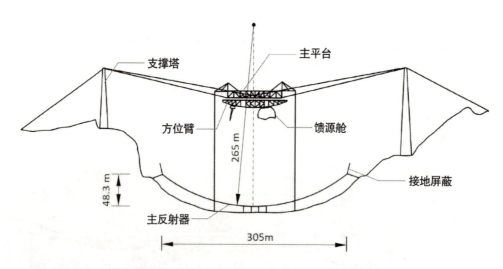

支撑塔

主平台

方位臂

馈源舱

265 m

48.3 m

接地屏蔽

主反射器

305m

阿雷西博望远镜设计图（来源：CC0 Public Domain）

新望远镜设计概念来建造 FAST。"接着，他举起了手中的照片说："阿雷西博的馈源舱就是一个固定的电视机天线，只能调整指向。这个设计太传统了，不适合 FAST 这样的超大口径望远镜。我们要把 FAST 变成眼睛，减轻馈源舱的质量，让它能像眼珠子一样动起来。"

站在一旁的研究员朱文白张大了嘴说："老爷子，建造 500 米口径的一个'大锅'就已经非常困难了，现在还要把馈源舱变成像眼珠子一样转起来，是不是还要让'大锅'保持变形运动才能把信号聚焦到馈源舱上？这个想法听上去有点科幻啊！"

老南喝了口水说："我们不光要让 FAST 变形，而且精度还要控制在毫米级，也就是变形误差不能超过指甲盖的厚度。"

这个设想完全超出了当时所有人的认知，大家都觉得这个设计太不可思议了，简直是天方夜谭，能够按照这样的设计要求建造出来的可能性极低。但是，正因为这个奇妙的设计方案，才让世界最大口径射电望远镜——FAST 拥有了"中国天眼"的称号。中国天文科学家团队，到底是如何打破传统望远镜百米口径的工程极限，才完成了这座天文望远镜的建造的呢？要了解这个过程，故事还要从头讲起。

时间要拨到 1993 年的京都，当时包括中国在内的十国射电天文学家在国际无线电科学联盟（URSI）大会上，联合发起了建造新一代射电大望远镜的倡议，希望在地球电磁波环境被破坏前，在世界范围内建造新一代大射电望远镜。大会形成了两种观点：一种是建设一堆小口径阵列望远镜，另一种是中国建议的建设大型单口径望远镜。不过，其他国家都认为单口径大射电望远镜风险较大且可供建设的区域十分有限，并没有采纳这种方案。

1993 年四位 URSI 参会人员在京都合影（来源：NRAO）

不过，南仁东等天文学家并不这么看。中国幅员辽阔，地形地貌众多，从高原到盆地，从沙漠到丘陵，符合大型射电望远镜建设要求的区域较多。将来，我们完全有可能建设多个大口径望远镜，然后将它们组成更强大的望远镜阵列。

然而，这在当时只能是一个宏伟的设想。因为在 1993 年我国最大的射电望远镜是位于上海佘山和乌鲁木齐的 25 米口径望远镜，这个口径连阿雷西博射电望远镜的十分之一都不到。

两年后，中国科学院国家天文台联合国内 20 多家大学和研究机构成立了大射电望远镜 LT 中国推进委员会，制定中国阵列望远镜先导方案。不过，饭要一口口吃，路要一步步走。宏伟的设想，也要先有一个可以实现的"小目标"才行。于是，委员会提出先造出第一座大型望远镜，口径就定在 500 米。

只是这个第一步，就已经大幅超越当时世界第一的阿雷西博射电望远镜了，这个"小目标"已经不能用大胆和前卫来形容了。

项目首要问题是选定台址，大型天文望远镜的建设不是随便找一个地方就能搭起来的。首先，需要地处偏远，人烟稀少才行，这样可以避开人类产生的无线电波的干扰；其次，要依地而建，最好是四面高起的洼地，最大限度降低工程建设的难度，还能有效屏蔽外界电磁波干扰；另外，最佳的建设地形应该是不易于积水的地貌区域。

乌鲁木齐 25 米口径射电望远镜（来源：中国科学院新疆天文台）

经过 1994 年和 2002 年两轮勘察选址，2006 年贵州平塘"大窝凼"被正式选定为"中国天眼"的台址。在选址的同时，项目组又遇到了新的问题：反射面怎样运动才能最大限度降低馈源舱质量？世界上还没有一个望远镜这么设计过。

贵州平塘（来源：depositphotos）

像阿雷西博这样的大型望远镜的反射面"大锅"一般采用的是固定方式，没法调整角度。但是星空永远都在运动，阿雷西博为了能够观察星空中的不同目标，采用了球面形状的"大锅"，非常完美地利用了球面上各个角度具有相同光学反射的性质，再加上球面和抛物面形状近似，就能够观测不同方向的天体了。

　　不过，这个看似完美的方案却隐藏着不完美，抛物面可以把微波汇聚到一个焦点上，这样非常便于接收机采样，但是球面的微波汇聚不是一个点，而是一条线，采样就比较麻烦了。为了解决这个问题，阿雷西博在馈源舱内采用了格里高利式光路反射，利用二次抛物面反射镜和三次抛物面反射镜，让微波信号汇聚集中，达到一次获得信号的目标。

　　这么复杂的设计方案必然会导致舱体的笨重，所以必须想个办法：既要利用好球面的优点，又能在必要时刻让球面变成抛物面，这样才能最优化地解决这个问题，所以让"大锅"动起来才是 FAST 正确的观测姿势。

阿雷西博馈源舱（来源：NSF）

　　为了让反射面能顺利运动起来，反射面板一改传统设计，改为边长为 10.4 米至 12.4 米不等的 4 450 块铝制反射面单元，这些单元拼接在 6 670 根钢索网之上，通过钢索网下方的促动器拖动控制钢索网变位，形成抛物面。馈源舱的质量降到 30 吨左右。馈源舱飞到哪里，下方的反射面单元相应地变成 300 米口径的抛物面，其他地方同时还原成球面。

　　天文学家们还为此做了 20 米、50 米等不同尺寸的实验原型望远镜进行预研和验证，证明这个方案完全可行。

　　经过多年努力，FAST 项目终于在 2007 年 7 月得到国家发展和改革委员会批复立项，并于 2011 年 3 月开始在台址上进行相关的土建工程，准备挖出一个深深的"眼窝"。

　　项目的各个环节似乎都有序进展着，一切都向着大家心中的方向发展着，所有人都干劲十足。

　　这时，发生了一件几乎让整个项目功亏一篑的事，南仁东带领的研究团队在"中国天眼"主动反射面设计方案上遇到了前所未有的难题。

　　原来问题出在主动反射面的钢索网部分。根据馈源舱在钢索网上照射位置的不同，钢索网被拉扯最厉害的部分需要被拉伸47厘米的距离。团队内的研究员姜鹏尝试了国内外十余根顶级强度的钢索，结果没几下就断了，没有一根能满足"中国天眼"使用要求的。

这口"大锅"（来源：depositphotos）

　　这个突如其来的情况让项目组措手不及。原型望远镜的抛物面口径没有达到300米，钢索被拉伸的距离也没那么长，应力也没那么大，导致这个问题完全被忽视了。当时台址工地的挖掘工作正如火如荼地进行着，如果不能及时找出解决方案，整个项目就要面临终止。

　　不过，当务之急还是需要搞清楚FAST到底需要怎样的钢索应力和疲劳度性能。

　　带着这些问题，姜鹏首先对"中国天眼"未来30年的运动轨迹进行了模拟分析。一个月的轨迹基本上还能看出是线条，等到一年之后轨迹就已经是一个黑团了。有了这些轨迹数据就能进行大规模力学仿真，对每一根钢索在未来 30 年里所承受的拉力变化范围和拉伸次数都有了精确分析[1]。

不过，分析结果反而让姜鹏更加愁眉不展。大约有 30% 的钢索会受到超过 300 兆帕的拉力，这相当于在你的指甲盖区域压上两辆小轿车的重力；而有些钢索甚至需要承受 445 兆帕的拉力，普通钢索很难长时间反复承受这样的拉力。

这些钢索就如同"中国天眼"的眼部"肌肉"，为了使这些"肌肉"能够在 30 年甚至 50 年内保持正常工作，团队给每一条"肌肉"设置了一个超高的安全标准，即能够承受 500 兆帕的拉力和 200 万次的拉伸。这个疲劳强度可是传统钢索标准的两倍还多，也就是说世界上没有现成的钢索能够使用。

这个情况促使国家天文台联合了多家企业和高校进行研制，同时进行了有史以来最大规模且最系统化的一次钢索疲劳度试验，从锚固损伤破坏到单丝磨损破坏，所有可能的破坏实验都做了一遍。

不光如此，由于每一根钢索几乎都不是同一种规格，要么长度不一样，要么粗细不一样，这些钢索还要求有毫米级的成型精度。即使每根钢索的加工精度只差了 1 毫米，到钢索网边缘就要差 60 多毫米，所以任何一根钢索的加工精度出现偏差，整个项目就会有失败的风险。

为了控制生产过程中的精度误差，项目组为这些钢索建立了恒温房，减少每一根钢索在加工过程中受到环境温度变化的影响。不仅如此，每一根钢索在加工过程中都要进行实时录像建档，方便日后追查和修正问题，可谓是史上最严苛的质量保障流程了。

在历经了两年多的时间和数不清的失败之后，相关企业终于生产出第一根适用于"中国天眼"建设的钢索。

正是由于工程师们这种孜孜不倦的精神，才能成功研制出如此特殊的钢索材料，为"中国天眼"的建设奠定了扎实的基础。除了"中国天眼"工程外，这种高抗疲劳度的钢索也成功应用在之后的重大项目中，如港珠澳大桥、京沪高铁、南水北调工程等，为祖国建设又作出了巨大的贡献。

破解钢索难题的突破性进展，让 FAST "眼窝"得以在 2014 年开始支起负责承重的骨架，并在 2015 年 8 月 2 日开始实施第一块"视网膜"反射面板的拼装工作。

在经过 5 年多的建设后，FAST 终于在 2016 年 9 月 25 日那天迎来了第一批观众。他们围站在四周的观景台上，齐刷刷地注视着锅底中心的馈源舱。此时，趴在锅沿的一缕阳光像一片金灿灿的黄油，顺着大锅慢慢滑入锅底，馈源舱随即缓缓升起。而大锅似

---

[1] http://arxiv.org/abs/1504.07719

FAST 施工现场（来源：depositphotos）

乎被注入了生命，随之舞动开来，像一只巨大的眼眸，望向深邃的宇宙。此时，四周掌声雷鸣，很多人的眼中闪现着激动的泪花。

这口"大锅"正式落成，标志着"中国天眼"的使命正式开始，它的征程才刚刚起步。

从 2017 年 8 月开始，FAST 正式启动了"多科学目标同时扫描巡天计划"，简称 CRAFTS 项目。在对 2017 年 8 月 22 日采集的数据进行分析研究时，发现在一段 52.4 秒漂移扫描的数据中包含了一颗评分极高的候选脉冲星（PSR J1859-01），脉冲周期为 1.832 秒，距离地球 1.6 万光年。项目组随即向第三方天文望远镜请求第二次确认观测。

2017 年 9 月 10 日，澳大利亚帕克斯望远镜对同一片天空进行了跟踪观测，获得了同样周期和离散度的微波信号，从而确认了第一颗被 FAST 发现的脉冲星。不过，从两台望远镜收集到的信号量来看，帕克斯需要"瞩目凝望"2 100 秒才能抵上 FAST "浮光

FAST 竣工（来源：depositphotos）

掠影”所能看到的信息量。

2019 年，FAST 和帕克斯再度合作，对 PSR J1926-0652 脉冲星进行了联合观察。这颗脉冲星的不规则脉冲信号引起了科学家们的兴趣，这将有可能颠覆经典的旋转木马模型理论。

这些发现只是 FAST 从正式运行到 2021 年间众多成就中的小小一部分。在这几年里，FAST 所发现的脉冲星数量早已超过了 500 颗，比同一时期国际上其他望远镜发现脉冲星数量总和的 4 倍还多，甚至超越了美国阿雷西博射电望远镜 15 年的搜索总和，并得到了国际同行的高度认可。

2022 年 9 月 21 日，北京大学李柯伽研究员、东苏勃研究员与胥恒、陈平博士等人，在国际学术期刊《自然》杂志上发表了一篇关于快速射电暴核心磁场变化的论文。快速射电暴是一种偶发的天文现象，能在瞬间释放出比全世界年发电量总和还要高出几百亿

深山中的"中国天眼"（来源：图虫创意）

倍的能量，但是这种现象的起源和机制一直困扰着天文学家们。

2021年春天，李柯伽研究员的团队利用FAST的大口径优势，针对快速射电暴源FRB 20201124A持续观察后发现其周围的磁场强度和密度会持续发生明显的变化。他们据此提出，这个快速射电暴有可能产生于一个天体单位大小（地球到太阳的距离）的双星系统内。这个双星系统由一颗磁陀星（磁场特别强的中子星）和一颗被磁场包裹的Be星组成。磁陀星运动会影响Be星周围的磁场，当磁陀星恰好处于Be星和观察者之间时，射电辐射就会产生偏振。

这是自2007年发现快速射电暴以来人类首次对快速射电暴的起源进行的解释，至少一部分快速射电暴是起源于类似的双星系统。这次发现意义重大，两天后美国有线电视新闻网也对此进行了相关报道。

2021年4月1日，FAST正式宣布向国际科学界开放，"天眼"不应该只属于中国，它更应该属于全人类。正如南仁东研究员所说的那样："人类之所以能脱颖而出，是因为有一种对未知的探索精神。"且这种探索精神应该是无国界的。

南仁东研究员离开FAST项目后，姜鹏接替了他的工作，成为FAST项目的总工程师。因为在FAST项目中的杰出贡献，他于2022年9月15日荣获了腾讯基金会的"科学探索奖"。这个奖项只面向基础科学和前沿技术的十个领域，每年只有不到50人能获此殊荣，姜鹏当之无愧。

FAST 只是中国 SKA 计划的第一座望远镜。SKA 称为 "21 世纪的国际射电望远镜"，该计划要在全球选址并建立一平方千米实体接收面积的射电望远镜阵列。虽然这个国际超级射电望远镜中心最终没有落在中国，但是我们还是不能忘记曾经的宏伟计划。

中国 SKA 简称 KARST 计划，大致分为四个区域，包括 FAST 所在的核心区域会建设 10 座望远镜；在核心区外半径 2.5 千米范围内形成中央区，会建设 15 座望远镜；中央区外是外围区域，半径大约 150 千米，会建设 25 座望远镜；最外层是 3 000 千米半径的遥远区域，会建设 11 座望远镜，包括上海（佘山）、北京（密云）、乌鲁木齐等地的望远镜都将参与其中[1]。

将参与中国 SKA 项目的上海佘山天马望远镜（来源：科学声音）

[1] https://kns.cnki.net/kcms/detail/detail.aspx?dbcode=CJFD&dbname=CJFD2005&filename=DZDQ200503013&uniplatform=NZKPT&v=eKNq_Hlo2Q03XiNQfEi_HMiP0xfxPFwma3ahBYWzZYCaUrLac6m_pGv9f9CL2B5E

回顾这段历史，中国的天文学家们在没有任何经验可以借鉴的情况下，设计了一座既雄伟又特殊的望远镜。恐怕也只有中国才能完成这个看似天方夜谭式的庞然大物，可以说这是世界建筑史上的奇迹！

FAST 的成功建设是中国几代天文人努力的成果，让全人类看到了更古老的宇宙。作为这个世界上最大的单口径望远镜，它的意义已经不言而喻了。

这背后凝结着许多老一辈天文学家的智慧，又有众多青年无悔青春的一路奉献。同时，我们还需要更多的有志青年投身其中，才能把中国的天文事业推向世界巅峰，为中国，为人类继续探索未知而浩瀚的宇宙。

高海拔宇宙线观测站：
助力破解宇宙线起源"世纪之谜"

公元 1054 年 7 月 4 日（宋代至和元年五月己丑），凌晨四点左右，地平线泛着些许微黄的光芒。天快亮了，一阵凉爽的仲夏夜风吹过，一位负责观测天象的官员不自觉地打了个哈欠。正当天文官们准备结束一整夜的天象观测，收拾东西下班之时，天关星（金牛座 ζ 星）附近突然出现了奇怪的光芒，一颗极其明亮的光点冒了出来，如同划破寂静夜空的惊雷一般把司天监官员的困意消散得一干二净。

"是客星！非其常有、偶见于天的客星！[1]"负责巡天观测的天文官马上敏锐地意识到，这很有可能是颗百年难遇的客星，就是那种在空中出现一段时间后消失、如同做客一般的星星。这颗客星非同一般，在接下来的 23 天中，它光芒四射，亮度可比金星，甚至在白天也可见，在夜空中可见的时间更是长达 643 天。

当年宋朝人发现的这颗星星史称天关客星，现在被我们称为"超新星"，指的是那种在演化末期发生剧烈爆炸的恒星。当时，欧洲的天文学家们在中世纪的宗教管制下基本没有留下什么重要的文献，而宋朝的天文官则留下了精确、翔实、完整、精美的天文记录，为现代天文学研究超新星提供了重要依据。我国古代的天文观测记录曾经长期在全球领先。

2020 年，当年的客星经过千年演化已经变成了蟹状星云，一片非常明亮的高能辐射源。在四川省稻城县，海拔达到 4 410 米的空气稀薄、人迹罕至的海子山上，有一个面积达到 1.36 平方千米的圆盘，它就是国家重大科技基础设施——高海拔宇宙线观测站（LHAASO，Large High Altitude Air Shower Observatory），简称"拉索"。4 月初的一天，拉索对准了宋朝天文官观测的同一片星空。接着，当中国科学院高能物理研究所的副研究员王玲玉像往常一样仔细地检查着拉索收到的数据时，她很快有了不寻常的发现。异常的信号预示着蟹状星云方向上有位

1054 超新星（天关客星）遗迹——蟹状星云
（来源：ESO）

[1] 出自《宋史·天文志》

"超级游侠"：曾经有一颗超高能粒子经过 6 500 年的飞行以光速撞向地球，与大气分子发生了多次碰撞，能量之高、稀有程度皆前所未有。经过反复检查，她调整了下呼吸，兴奋地转过身对同事们说，"拉索好像发现了超高能 γ 光子，这可能会是个震惊世界的发现！"

拉索鸟瞰图（来源：中国科学院高能物理研究所）

那么，这个跨越千年的发现会是什么呢？咱们还得从宇宙线开始讲起。

如果有一天，当你起床睁开双眼，发现房间正在被机枪扫射，子弹横飞，你还会淡定地揉揉睡意朦胧的眼睛，然后迷迷糊糊地找裤子和袜子吗？显然不可能。在生与死的抉择面前，到底穿什么出门恐怕已经不重要了。如果我说，这样的事情每天都发生在我们身边，请你一定不要惊讶。事实上，地球和这个房间差不多，也处于一片枪林弹雨之中：来自遥远外太空四面八方的各种高能粒子，无时无刻不在像子弹一样以接近光速的速度轰击着地球。

这些来自外太空的高能粒子称为"宇宙线"，它有两个非常明显的特征：一是能量特别高，少数粒子的能量可以达到 10^{20} 电子伏特。相比之下，室温下空气分子的能量只有 0.04 电子伏特。人类目前最强大的加速器——坐落于欧洲的大型强子对撞机（LHC）只能将粒子加速到 10^{13} 电子伏特。1991 年，人们在美国犹他州的上空发现了一颗能量如此之高的粒子，它可能是颗质子，速度几乎等同于光速，达到光速的

0.999 999 999 999 999 999 999 995 1 倍[1]，动能达到了 3×10^{20} 电子伏。小小的单个粒子中所蕴含的能量竟然相当于一颗时速 100 千米的棒球。因此这个粒子也被戏称为 "Oh-My-God particle"（"额滴神"粒子）。

欧洲大型强子对撞机的细节图（来源：depositphotos）

宇宙线的第二个特征是其中绝大多数是带电粒子，氢原子核、氦原子核以及其他重元素的原子核的占比达到了 99%，它们都带正电，剩下的 1% 中绝大多数是带负电的电子，只有占比非常小的 γ 射线和中微子不带电。

宇宙线的能量高，还带电，那身处地球的我们岂不是很危险？事实上，我们生活的地方还是很安全的。一方面，能量达到 10^{20} 电子伏特的宇宙线粒子占比非常小，平均算下来一个人一辈子也遇不到一次。能量越高的宇宙线越稀少，大多数粒子的能量要低得多。另一方面，地球的大气层和磁场起到了保护作用，大气层类似于"防弹衣"：宇宙线高能粒子会与大气分子发生相互作用，产生能量较小的次级粒子，就像大雨滴变成小雨滴一样，威力大幅减弱；磁场类似于"干扰器"，尽管大部分宇宙线高能粒子是带电的，也会因为地球磁场的作用而改变方向，向地球的两极偏转，威力显然不如直射地表、长

---

[1] https://phys.org/news/2011-06-oh-my-god-particles.html

驱直入那般厉害。

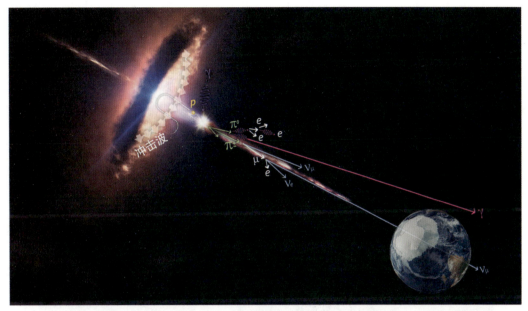

一颗耀眼星体向地球发来一束宇宙射线的艺术假想图（来源：NASA）

自从 20 世纪宇宙线被发现后，一百多年间人们对宇宙线的研究取得了大量成果，共诞生了 5 个诺贝尔奖。尽管如此，人类对宇宙线的认识还远远没有到"熟悉"的程度。直到今天，在这些宇宙"超级游侠"从何而来、如何形成的问题上还有大片知识盲区，被天文学家称为宇宙线的"世纪之谜"。

这其中一个重要原因在于，超过 99% 的宇宙线的组成是氢原子核、氦原子核、重元素原子核、电子等带电粒子。这些带电粒子太狡猾了，不沿直线传播，原因在于宇宙中到处有磁场，会影响带电粒子的行进方向，像搅拌机一样让带电粒子像"没头的苍蝇"一般到处乱撞。大部分宇宙线粒子到达地球时，早已经严重偏离了原来的方向，人们根本无法判断其来源方位。这就好比你明明知道有人把枪口指向了你，却不知道对方是谁、在哪，也不知他是否会在下一秒开枪，想想都觉得后背发凉。

还好，宇宙线中还有不到 1% 是不带电的中性粒子，它们不会在磁场中发生偏转，于是许多人就以 γ 射线作为切入点研究宇宙线的起源。γ 射线与我们平常肉眼可见的光线一样都是电磁波，只不过能量要高得多，单个 γ 光子的能量可达可见光光子的十亿倍。

γ 射线可以作为许多带电粒子加速器的探针。一些超高能量的粒子会与周围物质发生相互作用，产生超高能 γ 光子被我们探测到，沿直线传播的 γ 光子也许会让狡猾的带电粒子"露出马脚"。因此，观测高能 γ 射线是研究宇宙线起源的重要途径，而且能量越高越好。通过研究 γ 射线的辐射机制和方向来源，就能确定其对应的天体，分析判断宇宙线的起源方位。

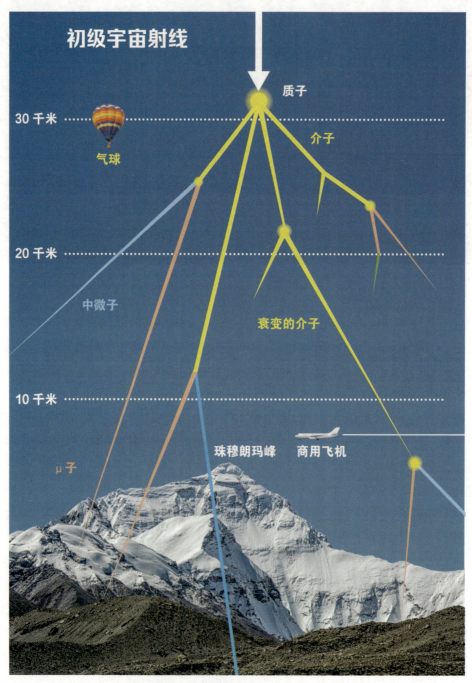

γ 光子大气簇射（来源：NASA）

那如何探测高能 γ 射线呢？主要有两种方法。一是直接测量，由航天器或高空气球把探测器送到大气层外。这种方法一来探测器不能太重太大，二来高能粒子占比较低，不能获取足量的数据，只能工作在能量相对较低的能区。第二种方法是间接测量，在地面上建造大型的探测阵列，当高能 γ 光子进入大气层后，会产生大气簇射现象，与空气分子发生相互作用并产生很多次级粒子，这些次级粒子会继续与空气分子相互作用产生三级粒子。如此发展，最终产生电子、正电子、低能光子等粒子，形成一次"粒子阵雨"降落地面。通过大型阵列接收这些粒子，然后用计算机分析这些粒子雨的特征，就能挖掘出进入大气时高能粒子的特性，比如原初方向、时间分布、能量分布等。

1989 年，我国在西藏地区建造了羊八井国际宇宙线观测站。2019 年发现了当时能量最高的宇宙 γ 射线[1]，能量达到 0.45PeV（4.5×10^{14} 电子伏），比此前最高的能量还高出 5 倍以上，来源正是蟹状星云。羊八井国际宇宙线观测站在当时已经是世界上最灵敏的 γ 射线天文台了，但由于规模、精度、探测技术的限制，面对更高能量的 γ 光子时，羊八井观测站也无能为力了。

羊八井（来源：中国科学院高能物理研究所）

早在 2008 年，我国的科学家就提出了建造新一代宇宙线观测站的计划，2015 年获批立项，名为高海拔宇宙线观测站。拉索的位置选在了具有"世界屋脊"之称的青藏高

---

[1] http://www.xinhuanet.com/politics/2019-10/21/c_1125133408.htm

原的东南边缘。这里海拔 4 410 米，空气稀薄，大气的吸收作用相对较少，可以对次级粒子进行更好的探测；地势平坦，水资源丰富，可以提供大量探测所需的超纯净水；交通方便，与稻城亚丁机场距离只有 10 千米，与成都、昆明等大城市距离也不远，有利于各类物资的输送；此外，当地政府对此事非常重视。

海子山（来源：图虫创意）

拉索的主体工程于 2017 年 6 月启动，2021 年全部建成，主要由三部分组成：5 195 个电磁粒子探测器、1 188 个缪子探测器组成的地面簇射粒子阵列，7.8 万平方米水切伦科夫探测器阵列以及 18 台广角切伦科夫望远镜阵列。可以综合运用多种技术，全方位、多变量地探测宇宙线。

每年每平方千米上的探测器只能从最亮的地方收到一两个超高能 γ 光子，而且这一两个光子还通常淹没在几十万个宇宙线信号之中，这如同大海里捞针，其探测难度非常高。然而，拉索有两大致胜法宝：一是巨大的探测面积（1.3 平方千米），是羊八井宇宙线观测站的 20 倍，更是美国同类型观测站 HAWC 的 60 倍；二是"火眼金睛"一般的鉴别能力，γ 射线和高速带电粒子进入大气层后会产生大气簇射现象，通常来说高速带电粒子的数量可达高能 γ 光子的一万倍，1 188 个位于地下的 36 平方米缪子探测器专门用于挑选 γ 光子，它具有万里挑一的能力。拉索在超高能段的灵敏度远超其他装置，甚至比 2027 年建成的下一代大型切伦科夫成像望远镜 CTA 还要强。

切伦科夫成像望远镜艺术图（来源：ESO）

　　更厉害的地方是，拉索一边建设一边运行，全部工程尚未完工之时，就有了震惊世界的发现。在 1054 年宋朝司天监发现客星的地方，6 500 光年外的蟹状星云上，拉索发现了能量达到 1.1PeV 的光子。一千年前，宋朝的天文官发现了这颗超新星，留下了最精确、最翔实、最完整的天文记录；如今，中国科学院的科学家发现了能量最高的 γ 光子，开启了宇宙线观测的超高能 γ 光子天文学时代。跨越千年，沧海桑田，恒星变成了星云，不变的是这些发现都领先世界，发现者都是中国人。

　　这个观测结果证明，至少部分的宇宙线来自像蟹状星云这样的超新星遗迹。遗迹的中心有一颗高速旋转的脉冲星（中子星的一种），它的磁场很强，周围的电子因此具有很强的能量。超高能 γ 光子的形成原因可能是高能电子把能量传给了光子，让低能的光子也变得高能，这些超高能的光子飞行 6 500 年后到达地球被拉索探测到了。

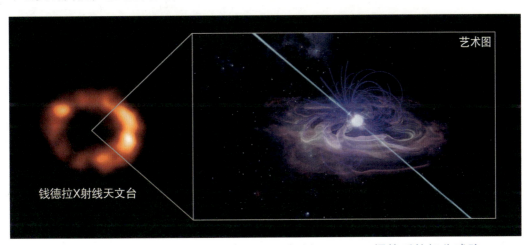

来自钱德拉 X 射线天文台的数据还原了超新星 1987A 爆炸后的部分残骸

（来源：NASA）

除此之外，拉索还发现了 11 个超高能 γ 射线源，全部在银河系内。其中，能量最高的光子达到了 1.4PeV，它来自天鹅座的一个年轻的大质量恒星星团，那里有着大量的大质量恒星，这些恒星的寿命很短。区区几百万年，星团内部经常发生恒星的生生死死，剧烈的恒星活动可能也是宇宙线绝佳的加速场所。

宇宙线从发现到现在已经过去了 100 年，它的来源理论上应当与一些高能天体物理现象有关，如大质量天体碰撞、超新星爆发等，但很长时间以来这些理论都找不到实验和观测证据来验证。拉索的顶级性能和卓越发现可能会验证上述理论，它至少证明了这些事情：年轻的大质量星团、脉冲星风云和超新星遗迹可能是银河系内超高能宇宙线的来源。解开宇宙线起源这个困扰了科学界一百多年的世纪谜题终于有了新的曙光。

2021 年 10 月 24 日，拉索通过性能工艺验收，这标志着它已建成，并将继续在青藏高原上守候着来自宇宙的"信使"。出道即 C 位，我们可以继续满怀信心地期待全副武装的它带来更令人震惊的发现。未来的很多年，这里都将成为宇宙线研究的前沿阵地，揭示更多的秘密。宇宙线不会枯竭，科学探索也将永无止境，未来拉索还会通过新的望远镜阵列提升空间分辨能力。我们对宇宙线的认知也将更接近最终的答案。

平方千米阵列：
天文学的下一场风暴

2019 年 9 月的一个深夜[1][2]，天文学家安娜·卡嫔斯卡[3]坐在电脑前，快速浏览着由阵列射电望远镜拍到的巡天图像。在射电望远镜的照片中找到一些不寻常的东西，是安娜的日常工作之一。她需要把那些有价值的照片挑选出来，在例会上展示给大家讨论。

安娜很喜欢在夜深人静的时候做这项工作，因为只有在这个时间浏览这些来自深空的照片，才会有那种仰望星空的感觉。

突然，安娜握着鼠标的手停了下来。她把脸凑近电脑屏幕，瞳孔骤然扩张。屏幕上的照片中央，有一个巨大的、幽灵般的蓝绿色"怪脸"。"怪脸"的边缘有些模糊不清，但上面黑色的部分，就像是一双眼睛，紧紧地盯着屏幕外面的安娜。

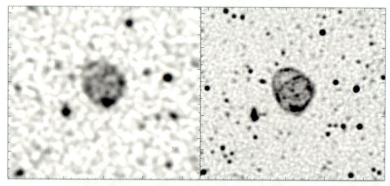

原始数据（来源：EMU）

根据原始数据还原出的图像（来源：SARAO）

［1］ https://ui.adsabs.harvard.edu/abs/2021PASA...38....3N/abstract

［2］ https://arxiv.org/pdf/2104.13055.pdf

［3］ Anna Kapinska, https://www.akapinska.com/

"这是什么鬼？超新星的遗迹吗？"安娜犹豫地思索着。

安娜的习惯，是把自己对不寻常天体的判断标注在照片的备注中。但此时的安娜犹豫了，超新星遗迹一般离银河系中大多数恒星很远，而眼前这张蓝绿色的"怪脸"中，与大量银河系中的恒星相重合，应该不是超新星[1]。

"难道，这个怪东西不在银河系内部？"安娜放下鼠标，单手托腮，凝视着"怪脸"空洞的巨眼，就好像"怪脸"能亲自给出答案。

"看来，这个怪东西要成为明天工作会议上的主角了。"安娜自言自语说。她不习惯把照片说明留空，于是就直接把"这是什么鬼！"写进了照片说明中。

果然，这张被标记了"这是什么鬼！"的照片成了第二天工作会议上大家热议的对象。会上一片骚动，天文学家们各抒己见，大开脑洞，提出了对这张"怪脸"的种种猜想，但紧随其后的分析迅速否定了这些大胆的猜想。

会后，科学家找来了可见光望远镜在同一个区域拍摄的深空照片，他们想看看这张蓝绿色"怪脸"的位置到底隐藏着什么东西。但是，在对应的可见光照片里，那张"怪脸"竟然完全消失不见，就像从来没有出现过一样。

这张蓝绿色的"怪脸"到底是什么东西？安娜和她的同事又会从"怪脸"中获得怎样的发现呢？想知道这些，我们得从一个国际大科学工程——平方千米阵列（SKA）的建造计划开始说起。

在天文学研究的过程中，光学望远镜和射电望远镜一直在进行着激烈的角逐。自伽利略 1609 年发明第一台天文望远镜以来，光学望远镜一直是太空观测的主流工具。而射电天文望远镜的概念直到 1931 年才出现，比光学望远镜晚了 322 年。

1609 年伽利略发明的望远镜（来源：CC0 Public Domain）

---

[1] https://spaceaustralia.com/feature/what-astronomers-find-new-odd-radio-circle-space

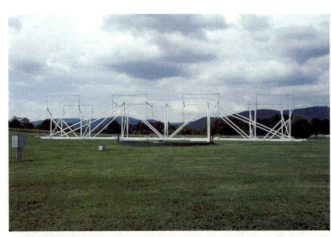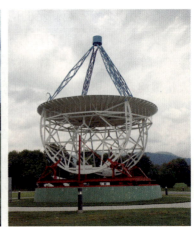

1932 年卡尔·央斯基（Karl Jansky）建造了第一台从太空探测无线电波的仪器（左图）
1937 年格罗特·雷伯（Grote Rober）建造的第一台碟形射电望远镜的复刻版（右图）
（来源：NRAO）

但是，射电天文学来势汹汹，很快就后来者居上。20 世纪 60 年代，脉冲星、类星体、宇宙微波背景辐射和星际有机分子的发现，被合称为 20 世纪射电天文学四大发现，这些发现极大地拓宽了人类对宇宙的认知。

20 世纪 90 年代，早期兴建的射电天文望远镜正随着设备老化而纷纷关闭，让射电天文学研究一时陷入了低迷。但在光学望远镜领域，1990 年哈勃空间望远镜发射升空，口径巨大的凯克望远镜、昴星团望远镜以及欧南台的甚大望远镜相继建成，这些超级设备直接把天文学研究带进了长达十多年的黄金时代。

不过，射电天文学研究可没有就此沉沦。随着电子计算机技术的快速发展，科学家们意识到，一直高度依赖计算和后期数据处理的射电天线阵列方案开始变得越来越可行。相关国际联盟则敏锐地捕捉到了这个能让射电天文学"弯道超车"的绝佳时机。

单口径射电望远镜的优点是收集信号的能力强，信号的信噪比也比较高。单口径射电望远镜造得越大，就越能收集到那些来自深空的极微弱信号。但是，单口径望远镜的缺点也非常明显，就是在当前的工程水平下，射电望远镜的尺寸只要增大一点点，就会面临巨大的工程学难题。可以自由转动的单口径射电望远镜，口径极限为百米。想要突破这个极限，就必须依山就势地把望远镜建在地面上。阿雷西博射电望远镜和"中国天眼"，就是这种结构。

比起单口径望远镜，阵列射电望远镜的优势就特别明显了。它们以多取胜，不需要把每一个天线造得很大，还能通过干涉测量技术随意改变望远镜的空间分辨率。可以这么说，如果不考虑数据传输、计算和后期数据处理的难度，阵列射电望远镜就是越多越好，越大越好。我们甚至可以把射电望远镜发射到地球轨道上去，打造一个口径达到2天文单位的虚拟望远镜。

当然，在地球轨道上建设望远镜的技术难度实在是太高了，不过在地球上建立一个超级望远镜阵列还是可行的。

1993年，在日本京都举行的国际无线电科学联盟大会上，英国、中国、澳大利亚、意大利等10个国家的天文学家联合提议：筹划建造一个世界顶级的巨型射电望远镜阵列[1]。建成之后，这台射电望远镜的总接收面积将达到1平方千米。所以这个计划就被命名为平方千米阵列。这也将成为人类历史上最大的天文观测设备。

建成后的SKA是什么概念呢？对比目前世界上最大的射电望远镜，它的灵敏度会提高50倍，巡天速度提高约10 000倍，而且能实现0.1～30GHz的宽波段覆盖。由于它会以纳秒级的采样精度工作，所以它每秒钟将会产生10PB的数据量。10PB是什么概念？普通的移动硬盘一般容量是1T，那就需要1万多个这样的移动硬盘才装得下。记住，这只是它1秒钟产生的数据量。

南非的SKA射电望远镜阵列规划图（来源：SKA UK）　南非的中频孔径阵列规划图（来源：SKA UK）　澳大利亚SKA射电望远镜阵列规划图（来源：SKA UK）　澳大利亚低频孔径阵列规划图（来源：SKA UK）

在《中国SKA科学报告》中是这样介绍SKA项目的：

SKA将揭示宇宙中诞生的第一代天体，重现宇宙从黑暗走向光明的历史进程；SKA将以宇宙中最丰富的元素氢为信使，绘制最大的宇宙三维结构图；SKA将检验暗物质和暗能量的基本属性，有助于驱散笼罩在21世纪自然科学上空的两朵乌云；SKA将发现银河系几乎所有的脉冲星，并有望发现第一个黑洞—脉冲星对，对引力理论做精确的检验；SKA将对数百颗毫秒脉冲星精准测时，发现来自超大质量黑洞的引力波；SKA将重建宇宙磁场的结构，探知宇宙磁场的源头；SKA将揭开原始生命的摇篮，并寻找茫茫

---

［1］http://www.nao.cas.cn/njl/xm/202204/t20220421_6434570.html

宇宙深处的知音；SKA 也将探知未知的宇宙，带来全新的发现。其中任何一个问题的突破，都将带来自然科学的重大革命。

　　SKA 是从未有人尝试过的超级工程。为了稳妥起见，科学家们决定在目标选址建立一系列探路工程，作为 SKA 的验证性前置项目。

　　第一个 SKA 的探路工程是由我国主导的 21CMA 项目。由于这个项目的目标是通过数字方式获取低频波段的宇宙图像，所以人们亲切地称之为"宇宙的第一缕曙光"。

　　2003 年 8 月，一批工程技术人员在新疆南北天山之间的乌拉斯台基地搭建了几顶简易帐篷，世界上第一个专门探测宇宙低频信号的大型相控望远镜阵列破土动工。

　　建成之后的 21CMA 是由 10 287 个天线组成的南北宽 4 千米，东西长 6 千米的天线阵列。作为 SKA 项目的探路者，21CMA 与传统阵列天线最大的不同就是实现了完全的数字化。每一个天线单元都不需要转动，它们收集的无线电波信号经过计算机处理后就能同时监控多个目标。

我国 21CMA 构想图（来源：中国科学院国家天文台）

21CMA 的工作原理与 SKA 将会建造的低频阵列天线完全相同,21CMA 也会将它的成功复制到 SKA 项目上。

2009 年 12 月,第二个 SKA 的探路者项目在一片期待声中动工了。项目选址在人烟稀少的西澳大利亚默奇森郡沙漠区,名称就叫澳大利亚平方千米阵列探路者,简称 ASKAP。为了让这个项目拥有最佳的电离层条件,澳大利亚政府不仅投资了超过 3 亿美元用于设施建设,还专门成立了一个通信和媒体管理局来保护默奇森"无线电静区"。

ASKAP 是一个由 36 个口径 12 米的碟形天线组成、最大间距 6 千米、总信号接收面积约 4 000 平方米的射电望远镜阵列。

澳大利亚 ASKAP 望远镜(来源:CSIRO)

从这些参数上可以看出,无论是天线的尺寸还是数量,ASKAP 都并不出众。能让它成为平方千米阵列望远镜前导项目的,还是它领先的设计。

科学家们想到一个增加射电望远镜视场的办法,就是在现有的反射望远镜的焦平面上放置多个接收装置,也叫作馈源,组成焦平面阵列,即多波束技术。相比传统的单波束,多波束技术有点类似于昆虫的复眼,可以同时对多个目标成像。这种技术不断更新迭代,升级为波束合成技术,能够对焦平面进行完全采样,提供连续大视场,这就是极为关键的"相控阵馈源"[1]技术。

自 2006 年澳大利亚正式提出后，2012 年第一版相控阵馈源样机率先安装在 ASKAP 现场。每个馈源包含 188 个独立的接收元件，能成功实现约 30 平方度的瞬时视场，比传统接收器大近 30 倍，这极大地提升了巡天效率，开启了相控阵馈源接收机在射电天文领域应用的新纪元。

澳大利亚 ASKAP 望远镜的馈源（来源：CSIRO）

视场的技术解决了，可随之而来另一个问题，那就是数据处理。接收能力增大 30 倍，意味着数据量也会增加 30 倍。想要处理这些数据，需要的计算能力会达到每秒 5 000 万亿次浮点运算，这几乎是"神威·太湖之光"超级计算机运算能力的 3 倍。

这是 SKA 探路项目首次面对计算能力的严峻考验，要知道 ASKAP 的规模只有 SKA 项目的 10%[2]。这是挑战，更是机遇。SKA 项目的超算专家、中国科学家安涛说："SKA 处理数据的方式将颠覆传统模式，引发天文数据处理的重大变革。"

2012 年，名叫默奇森宽场阵列的无线电阵列望远镜在距离 ASKAP 不远的沙漠中修建完成。宽场阵列的意思是它有大约 30 度角的超宽视场，能够一次性覆盖非常大的一片天空。天文学家们可以用它来研究地球的电离层和太阳的日球层，还可以用它来绘制河外星系的光晕

［1］https://www.nstl.gov.cn/paper_detail.html?id=bcab529813ead988baed60c424d84bb1

［2］https://baike.baidu.com/reference/17603703/48c4Zvr726Bx23qKw4IzmlE80r2Rn0tkuTRYAdOCipbm6-zqJZGxsLQAr6e9qbRNqrXRexpfLnSdx4CYLu_SO31suGPvMZlDKu8J3bGOXHmw4bporuo

和遗迹图。

默奇森的鸟瞰图（来源：CSIRO）

  2015 年，HERA 阵列望远镜在南非的卡鲁沙漠修建完成。HERA 是氢再电离时期阵列的缩写。从宇宙形成之初到第一代恒星形成，中性的氢原子逐渐变成了等离子体，让宇宙中充满了光芒。HERA 的目标就是研究星际电离气体，揭示宇宙最初的奥秘。这个望远镜由 350 个直径 14 米的六角形固定天线组成，总信号接收面积达到了 54 000 平方米，与阿雷西博射电望远镜的面积相当。

HERA 望远镜阵列（来源：HERA 协作项目）

　　2016 年，就在离 HERA 阵列望远镜不远的沙漠里，SKA 的又一个探路项目——卡鲁阵列望远镜修建完成。这个由 62 个口径 13.5 米天线组成的阵列望远镜，从建造之初就使用了完全数字化的接收机。接收机采集的数据经过原子钟同步后，直接通过光纤进入地下的超算中心进行处理。这也是最接近 SKA 终极目标的前导项目。

卡鲁阵列望远镜先导 KAT-7 中的若干架（来源：SARAO）

同样也是在 2016 年，中国的第二个 SKA 探路项目——天籁计划，通过了课题组验收，正式开始运行。天籁计划拥有两套不同形状的天线，一套天线是我们熟悉的碟形天线阵列，另外一套则是柱形天线。天籁计划利用地球的自转完成对北半球天空的快速扫描，以此实现对宇宙大尺度结构的观测。

天籁实验阵列（来源：中国科学院国家天文台）

在主要技术难题一个一个被攻破之后，所有的前导项目都陆续进入了科学验证期。

尽管科学家们早就对 ASKAP 等代表下一代射电望远镜的设备寄予厚望，但他们还是收获了很多意外。

比如前面章节已经介绍过的快速射电暴。快速射电暴[1]，虽然能量巨大，但目前已经观测到的大多数都是单次爆发。所以，想要精准定位一次性的快速射电暴是一件极为困难的事情。

2018 年 9 月 24 日，处于验证期的 ASKAP 通过一个杀手级别应用程序里的"实时回放"功能，捕获到了单次快速射电暴 FRB180924。随后联合凯克、南双子星以及"老铁"——欧南台的甚大望远镜，精准定位了它的宿主星系。这一新发现发表在了 2019

---

[1] https://blog.csiro.au/what-we-know-so-far-about-fast-radio-bursts-across-the-universe/

年 6 月的《科学》期刊上，揭示了快速射电暴爆发过程中的电子列密度与星系际介质模型非常吻合，这将有助于解决更加神秘的"宇宙重子缺失之谜"[1]。

为了专门对 ASKAP 进行测试，来自 20 个国家 208 个机构的 739 名天文学家，还专门设计了大型科学调查项目[2]——宇宙进化图。开篇故事中天文学家安娜·卡嫔斯卡从海量巡天照片中挑选有研究价值的图像，就是这项研究的例行工作。

事实证明，ASKAP 确实不负众望，拍到了很多其他望远镜没有拍到过的东西，那个深空中的蓝绿色"怪脸"就是其中之一。

几天之后，与安娜一起整理照片的另外一位天文学家埃米尔·伦克在查阅数据时，又找到了类似的东西，研究人员把它们起名叫"奇怪的射电圈"。有意思的是，奇怪的射电圈这句话的英文缩写就是 ORC，意思是兽人或者妖魔，这个名字与这些天体表现在照片上的形象相当吻合。

这些奇怪的射电圈最有意思的地方，就是只有射电望远镜才能看到它们。在 X 射线望远镜、红外线望远镜和可见光望远镜中，这些怪圈完全不会出现。到今天为止，已经有 5 个不同的怪圈被发现，但遗憾的是天文学家们仍然无法准确解释它们的成因。

西悉尼大学的天体物理学家雷·诺里斯[3]认为，这些怪圈是极其遥远的星系中超大质量黑洞并合后产生的冲击波。这些怪圈就像一个不断膨胀的气泡，不断激发着空间中的电子，产生微弱的无线电波信号，从而被我们的望远镜观察到。诺里斯的证据是，现在发现的 5 个怪圈中，已经有 3 个的中心都发现了黑洞。也许，这些怪圈正是引力波留在空间中的痕迹。

后来，在卡鲁阵列望远镜落成之后，还专门为这些怪圈拍摄了更清晰的照片。但是，科学家们仍然没能对这些怪圈的成因达成统一的意见。

ASKAP 带给我们的惊喜远不止这些，得益于其高灵敏度、极宽视场和高效巡天能力，科学家们仍在不断迎来新的发现。

2020 年 12 月，ASKAP 用破纪录的 10 天时间绘制出横跨整个南部天空的 300 万个星系，其中的 100 万个是前所未见的[4]；随后，ASKAP 与德、俄共建的 eROSITA 空间望

[1] http://www.ncsti.gov.cn/kjdt/kjrd/202109/t20210929_45730.html

[2] https://www.atnf.csiro.au/projects/askap/science.html

[3] https://www.cnet.com/science/space/mysterious-ghostly-radio-circles-from-deep-space-probed-with-best-images-yet/

[4] https://blog.csiro.au/weve-mapped-a-million-previously-undiscovered-galaxies-beyond-the-milky-way-take-the-virtual-tour-here/

远镜，观测到了一条长达 5 000 万光年的巨大丝状结构，为 "宇宙网" 模型理论提供了重要证据[1]。

ASKAP 于 2020 年底用破纪录的 10 天时间绘制出横跨整个南部天空的 300 万个星系
（来源：CSIRO）

2021 年 8 月，ASKAP 又在深空之中发现了两个牵着手 "跳舞的幽灵"，这又是一个天文学家们从未见过的景象，为此也牵出了神秘的 "星际风" 问题[2]。

除了刚刚提到的几个前导项目以外，大家已经熟悉的阿雷西博射电望远镜、美国甚大阵列望远镜、"中国天眼" 望远镜等 17 座著名的射电望远镜，都为平方千米阵列项目做过验证性研究。所有的合作者，都无比期待着新一代望远镜的诞生。

2021 年 8 月 ASKAP 观察到的 "跳舞的幽灵"（来源：CSIRO）

［1］https://blog.csiro.au/a-thread-of-the-cosmic-web-astronomers-spot-a-50-million-light-year-galactic-filament/

［2］https://blog.csiro.au/dancing-ghosts-a-new-deeper-scan-of-the-sky-throws-up-surprises-for-astronomers/

　　我们曾经以为，更好的望远镜能带给我们的，不过是更广阔的宇宙和更多的星星而已。但当 SKA 缓缓地睁开眼睛时，那个我们熟悉的天空，竟然变成了幽灵和怪兽飞舞的奇异世界。

　　这些新发现将把我们引向何处？现在还没有人能说得清。这必然是一个从未知到已知，再到发现更多未知的美妙过程。作为 SKA 项目的发起国和科研中坚力量，中国 SKA 团队正在你我的见证下，亲手开启一个天文学的新时代。

2

第二部分
太空之眼

海盗号：
探索红色行星

海盗号：
探索红色行星

　　1976 年 7 月 20 日，美国宇航局喷气动力实验室的西奥多·冯·卡门（Theodore von Kármán，1881—1963）大礼堂里早早就挤满了人。除了世界各地的 400 名记者，还有 1 800 位嘉宾受邀通过闭路电视来观看控制室里的实况。任务计划师阿尔伯特·希布斯（Albert Hibbs，1924—2003）正在紧张解说。他们共同关注着此刻远在火星上空的海盗 1 号能否成功实现软着陆。设计师们十分清楚这个计划的挑战性，因为苏联人在之前已经尝试了四次，均以失败告终。

　　与超高难度对应的是超高身价。孪生打造的海盗号飞船，一共两艘，总造价 10 亿美元[1]，相当于现在的 45 亿美元[2]，是水手 4 号的 12 倍。在海盗号身上，美国人可是下足了血本。

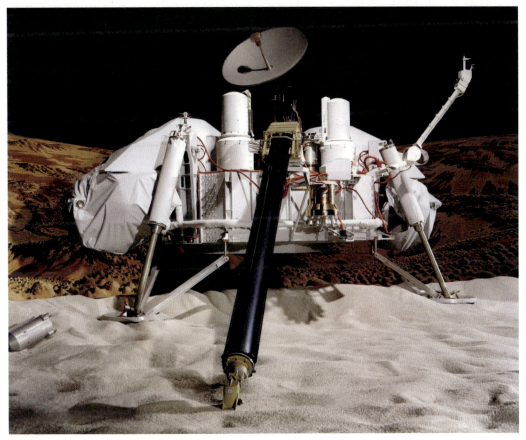

海盗号（来源：NASA）

[1] https://nssdc.gsfc.nasa.gov/nmc/spacecraft/display.action?id=1975-075A
[2] https://www.measuringworth.com/calculators/uscompare/

现在，万众瞩目的海盗号已经尝试着陆，信号还需要 19 分钟才能传回地球。在这让人窒息的 19 分钟里，每个人都在紧张热切地期待。如果着陆成功，那么海盗 1 号将一战成名，成为人类历史上第一个在行星表面软着陆的飞行器，而一旦失败，那白花花的真金白银可就全部"打水漂"了。

在继续给你讲海盗号的故事之前，我们先来简要回顾一下在海盗号之前，火星探索的简史。

1877 年，意大利天文台的台长乔凡尼·斯基帕雷利（Giovanni Schiaparelli, 1835—1910）观测到一些在火星表面延伸数百千米的线条。他说在火星上发现了"沟渠"，后来被以讹传讹成了运河。

1894 年，帕西瓦尔·洛威尔（Percival Lowell, 1855—1916）跑到荒凉干燥的沙漠观测火星，用 15 年时间精心绘制了一系列火星图。在这些图里，火星不仅有上百条"运河"，还有巨大的绿洲，火星上生活着火星人几乎已经成了从民间到学界的共识。人们对火星的热情空前的高涨。

但是到了 1965 年，水手 4 号[1]拍回的火星照片却让很多人颇感失望。21 张粗糙的黑白图像，证明了火星是一个布满陨石坑的贫瘠世界。这打碎了无数人对火星人的幻想，原来火星这个在想象中生机盎然的星球，看起来竟然和月球一样毫无生气。

水手 4 号及它传回的一张火星图像（来源：NASA）

不过，科学家们倒并不是很失望，他们想要知道的是：在火星看似贫瘠的土壤下面，是否潜藏着生命呢？为了解答这个问题，美国宇航局重金打造了那个时代最复杂的行星探测器，也就是本章的主角——海盗号。它的成败，牵动着无数人的心。

海盗 1 号于 1975 年 8 月 20 日从卡纳维拉尔角成功发射[2]，作为双保险的海盗 2 号

[1] https://nssdc.gsfc.nasa.gov/nmc/spacecraft/display.action?id=1964-077A

[2] https://nssdc.gsfc.nasa.gov/planetary/viking.html

海盗号：
探索红色行星

于半个多月后的 9 月 9 日发射。两架航天器各包括 1 个轨道器和 1 个着陆器。经过了长达 10 个月的旅行，两艘海盗号先后抵达火星上空，准备着陆。

1976 年 7 月 20 日，海盗 1 号从火星杏黄色的无云天空中现身，闯入火星稀薄的大气，炽热的防护层发出亮光。大约在 6.4 千米的高度，降落伞打开了，热防护罩被抛掉，3 个着陆架像爪子一样张开。在大约 1.6 千米的高度，反冲火箭点火，1 分钟之后，海盗 1 号减速到了大约每小时 10 千米的速度，在轻微摇晃中抵达了火星表面，径直落向了克里斯平原，它也被称为"金色平原"。

海盗号成功了！这是行星探测史上的里程碑事件，因为人类历史上第一次实现了在另一个行星表面的软着陆。直到许多年后，这个经典的画面依然被人们津津乐道。

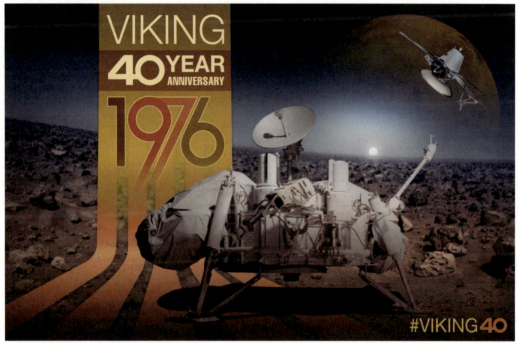

2016 年人们纪念海盗号着陆 40 周年，图像就是海盗号软着陆的经典画面（来源：NASA）

海盗 2 号着陆后拍回的照片（来源：NASA）

成功的信号传回地球，控制室里紧绷的科学家们沸腾了，守候着的记者、嘉宾与民众们也沸腾了，大家热烈拥抱，庆祝成功。海盗号的着陆极大地刺激了全球对火星陆地的幻想，美国宇航局的简德利·李写下了他当时的感受："海盗号团队并不了解火星的大气，我们对火星地表和岩石状态一无所知，甚至我们的软着陆都是十分鲁莽的。我们既恐惧又兴奋，当我们看到着陆终于获得成功的时候，所有的激动和自豪都在瞬间爆发了出来。"

　　虽然海盗号的硬件系统设计寿命仅有 90 天，但实际上非常耐用。海盗 1 号轨道器持续工作了近 2 年，海盗 2 号轨道器的工作时间超过了 4 年。而在火星表面，两个着陆器表现得更出色。海盗 2 号在 3 年半后才停止工作，而不屈不挠的海盗 1 号竟然在 6 年之后依然强壮[1]，直到在软件更新中发生了一个小小的人为失误，导致天线缩回，才失去了与地球的联系。

海盗 2 号在火星表面工作（来源：NASA）

　　海盗号在火星上待了这么长时间，到底干了些什么呢？它在这几年间的工作收获，可以简单归纳为三个方面。第一，拍摄火星表面照片，还原火星的真实地貌；第二，在火星表面寻找水存在的证据；第三，在火星表面寻找生命存在的证据。其中最后一点对火星生命的探索，在官方发布结论后，立刻引起了争议。

　　先说第一点，给火星拍照。这主要依靠海盗号的两台轨道器。两台轨道器都配有光学和红外相机，它们一边绕火星飞行，一边辛勤拍摄，共传回了超过 50 000 幅图像，覆盖了 97% 的火星表面。这些照片的精度也不错，可以分辨出火星表面 150 至 300 米的特征。借助这两双"眼睛"，我们看到了火星复杂多样的地质结构，有巨大的火山、皱褶满布的熔岩平原、深深的峡谷，以及众多风蚀的特征。它们显示出火星是地质环境极其丰富多样的星球。

---

[1] https://nssdc.gsfc.nasa.gov/nmc/spacecraft/display.action?id=1975-075A

人类拍摄的第一张火星表面图，由海盗 1 号在软着陆几分钟后发回（来源：NASA）

海盗 1 号拍摄的火星上的日落（来源：NASA）

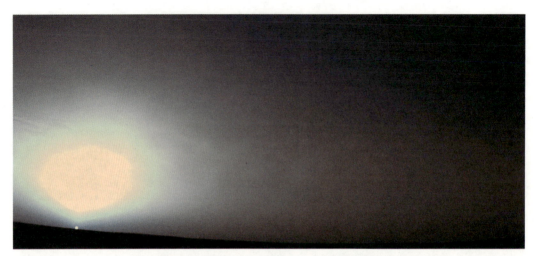

海盗 2 号拍摄的火星上的日出（来源：NASA）

根据海盗 1 号传回的图片还原出的火星图（来源：NASA）

第二点，关于火星上存在水的证据，海盗号确实找到了。但它找到的是火星上曾经存在过水的证据，而不是现在。火星的大气密度只有地球的1%左右，非常冷。把一杯水放在火星表面，数秒之内就会蒸发掉。而通过海盗号拍摄的照片，我们看到了巨大的河谷，还有许多看起来像是蛛网状的河流流过的特征。在火山的侧壁，也能看到许多类似地球上水流侵蚀那样的沟槽。这些证据都表明，火星上曾经是存在水的。

海盗号观测到的一个古老河谷——巴赫拉姆谷（来源：NASA）

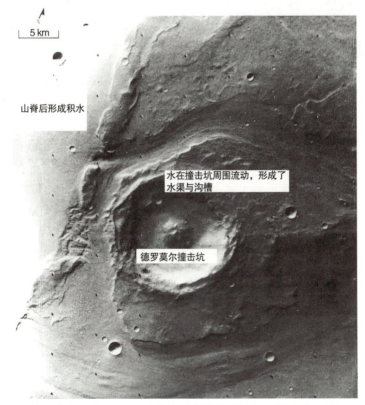

海盗号捕捉到的图片显示，形成类似侵蚀需要大量的水（来源：NASA）

第三点，海盗号要在火星表层寻找生命的证据，这项工作主要由其负载的生物研究包完成。海盗号上的机械臂会在火星表面拾取土壤样本，然后按顺序完成4个不同的实验。实验的数据都是公开的，但是对这些实验结果的解读，却成了科学家们争议的焦点。

海盗2号采集到的一块岩石样本（来源：NASA）

第一个实验，是把火星土壤样品加热到不同温度，再利用研究包里的气相色谱－质谱仪，测量释放出来的气体中各种成分的分子量，测量浓度可低至十亿分之几。测量结果是，没有发现有机分子，或者说碳基分子。这个证据看起来是不支持火星上存在生命的。

第二个实验，是气体交换实验，它可以将一些营养液和水加入土壤中，然后用气相色谱－质谱仪观察密封容器中氧、甲烷等气体的浓度变化。如果火星土壤里存在生命，这些气体的浓度就会发生变化。但并没有检测到这类变化。

第四个实验叫作热解释放实验。这个实验把水和含有放射性碳的一氧化碳和二氧化碳混合气体放进装着火星土壤的容器，再给土壤提供光照。科学家们认为，如果火星土壤中存在可以进行光合作用的生命，就会吸收这些放射性碳。经过几天的培养，再去除掉容器内的气体，对土壤样品进行650℃的高温烘烤。如果火星土壤中真的存在能够光合作用的生命，就会在烘烤中释放出含有放射性碳的气体。但很遗憾，结果同样是否定的。

你可能发现，我漏掉了第三个实验没有讲。原因是，第一、第二和第四个实验，都对火星上存在生命持明确的否定结论，而对于第三个实验的结论，则存在多种不同的解读，很多争议正是围绕它展开的。这就是标记释放试验。

其实这个实验也很简单，就是在土壤样品中加入溶于水的营养物，这些营养物都用放射性碳做了标记。令人惊讶的是，在样品上方的空气里检测到了放射性的二氧化碳，这意味着这些营养物质可能参与了微生物的新陈代谢过程，从而被分解释放。两个海盗号着陆器都得到了相同的结果。然而，当一周之后重做这个实验的时候，空气中却没有放射性碳了。因此，美国宇航局无法根据这些数据得出肯定的结论。官方给出的原文是："所有实验都有结果，然而这些结果可以有多种的解释，没法得出火星上存在生命的结论。"

吉尔伯特·莱文（Gilbert Levin, 1924—2021）是这个结论坚决的反对者。莱文是当年海盗号标记释放实验的首席科学家，他坚持认为在火星的那两个着陆点，9个实验中有7个都检测到了生物活性。他的依据是，没有哪一个纯粹的化学反应可以完全地再现标记释放实验的结果，唯一的解释是，火星土壤样品存在微生物。

跟他有同样观点的人，还有拉斐尔·那法罗－冈萨雷兹（Rafael Navarro-Gonzalez, 1959—2021）。为了证明这一点，他和他的团队前往世界上最高、最干燥的地方，例如阿塔卡马沙漠和南极的干河谷，重复进行了海盗号35年前做过的检测工作。他们在智利北部发现了一些酸性的土壤，其中的有机物用海盗号的仪器是无法发现的，这些土壤中甚至还存在着细菌。换句话说，海盗号的仪器还不够灵敏，即使在最接近火星状态的地球土壤中也难以检测到有机物或生命。

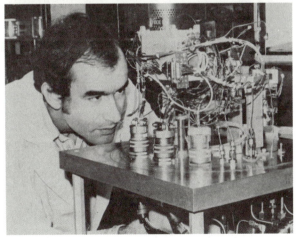

怎么样，莱文他们的观点能说服你吗？其实，你可能想不到，对海盗号生物学实验进行解释的要点，来自地球本身。这几十年来，我们对生命的适应能力越来越惊讶，地球生命竟然可以如此多样！哪怕是在有毒、碱性的环境中，甚至是高剂量的紫外辐射下，生命都

1976年的实验仪器与观测人员（来源：《标记释放——放射性呼吸测量中的一项实验》）

能存活，有的甚至还能旺盛生长、繁殖。人们把极端物理条件下的生命统称为"嗜极生

那法罗 – 冈萨雷兹（来源：UNAM）

物"，这远远超出了 1970 年的认知。这给我们的启示是：火星的化学、物理环境与地球十分不同，那里的生命可能也"超出常规"，海盗号的检测标准单一，说不定就错过了有不同生化基础的生命。

看到这儿，你可能觉得，仔细掰扯起来，海盗号的贡献也没什么特殊的，还有许多存在争议：相比之下，勇气号、好奇号的贡献不是远远超过海盗号吗？如果你这么想，那就看轻海盗号了。当年正是海盗号在火星的行动激发了我们对地球生命的思考，直接促成了盖亚假说的出现。有一些科学家认为，未来的历史学家会承认，这是 20 世纪获得的重大科学发现之一。

1965 年，英国科学家詹姆斯·洛夫洛克（James Lovelock）在美国宇航局的喷气动力实验室工作。在设计火星着陆器的生命检测实验的时候，他突然灵光一闪，意识到一件有趣的事：要想发现火星上是否有微生物，方法是检测大气的组成成分，因为如果一个行星支持生命，那么它的大气就一定会被生物圈改变。如此，地球的大气是否也是地球生物圈的一个自然延伸，或者说是副产品呢？

他的这个灵光乍现成了盖亚假说的重要基础，他的论文发表在了当年的《自然》杂志上。后来，他与他的同事，生物学家林恩·马古利斯（Lynn Margulis, 1938—2011）一起提出了盖亚假说。

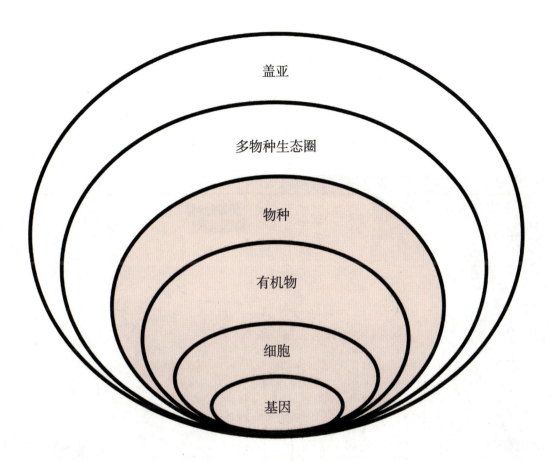

盖亚假说认为，细菌和其他有机物对地球的影响远远超出以往的想象：它们不仅消耗和补充大气中的氧气、甲烷等成分，并且通过岩石风化，碳、氧、硫等化学物质的循环等，对生物圈的温度和宜居性起着重要的作用。什么意思呢？就是说，生物体会改变地球的大气和表面的地质特征，而地球大气是与岩石圈、水圈、生物圈相互作用的复杂系统。

在 20 世纪 70 年代早期，一般认为生命仅仅是从大气中借用了一些气体并原样返回给大气，对大气产生不了太大影响。而盖亚假说则认为大气是生物圈的动态延伸，这与传统观点相矛盾，但它后来就慢慢地被人们接受。但盖亚假说很容易被误读，比如最常见的一个误读，就是认为地球是一个活的生命体，我们都是这个生命体的一部分。

无论如何，这个理论指出了生物对大气造成的影响。洛夫洛克担忧我们的碳足迹可能毁灭地球，更担忧地球大气的变暖将终结我们这个文明。毕竟，金星的例子摆在眼前——金星失控的温室效应使它的温度升高到了任何生命都无法生存的程度。而如果我们的碳排放不加以节制的话，类似的情况就可能在地球上重演。

2006 年，在庆祝海盗号任务 30 周年之际，火星阿瑞斯任务的首席科学家约尔·列文（Joel Levine）注意到，有许多学者仍在研究海盗号的大约 50 000 张图片资料[1]，这些资料仍然是"史上所得最令人激动、产出量最高的数据资源之一"。而且，越来越多的证据表明，海盗号的结果值得重新研究，海盗号留下来的遗产还将继续给我们带来更多的惊喜。

海盗号数据存储在缩微胶片上，美国宇航局的档案团队仍在继续努力将其数字化
（来源：NASA）

---

[1] https://astrobiology.nasa.gov/missions/viking-1-and-2/

火星探测漫游器：
力超所能的小小漫游器

　　1977 年，在康奈尔大学克拉克大厅一间称为"火星屋"的房间中，凌乱地堆放着一卷卷照相纸。研究生史蒂夫·斯奎尔斯（Steve Squyres）随意地打开了其中一卷，想赶快看完，应付这次作业。但当他看到照相纸中的图像时，瞬间被这些奇异的景象所吸引。之后连续 4 个小时，他都像着了魔一样，整个人扑在一张又一张的照片上——这些海盗号传回的火星景观图像。多年以后，他还在回味这个改变他人生轨迹的一天："我在这些照片里看见了一个美丽又令人恐惧的荒凉世界。走出房间的时候，我就知道我的余生该做些什么了。"

海盗 2 号着陆器传回的火星景观图像（来源：NASA）

　　二十多年后，斯奎尔斯已经成为火星探测漫游者——MER 任务的首席科学家，正是他对火星的探索促成了孪生漫游器勇气号和机遇号的诞生。

　　你可能想象不到，人类在 20 世纪末的时候，就已经对火星的景观了如指掌，甚至远远超出了对月球的了解。用瑟奇·布伦涅（Serge Brunier）的话说："今天，火星的荒漠和土星的光环对我们而言就像是对自己星球上奇特的景观一样熟悉。"当然，这都归功于水手号、海盗号、火星全球勘测者等飞行器的努力，它们为我们拍下了详尽的火星图景。

那么，人类对于火星的下一步期待是什么呢？当然是寻找生命了。NASA 在火星寻找生命的重要战略就是"追踪水"——即使火星表面现在没有水，但过去仍然可能存在水，尤其是能够支持生命的液态水。而本章故事的主角——勇气号和机遇号的任务也正是如此。

勇气号 / 机遇号（来源：NASA）

勇气号与机遇号的设计寿命都只有 90 天，但与它们的前辈海盗号一样，勇气号和机遇号的工作期限也大大突破了预期。它们就像两个机器人地质学家，勇敢地穿行于险恶的火星地表，长达 10 余年。它们探险故事的精彩程度，远远超出设计者最初的想象。它们探险的过程、遭遇，也成了传奇的一部分，为人们所津津乐道。

2004 年 1 月 4 日[1]，在旅行了 7 个月[2]，穿行 4.8 亿千米之后，勇气号以每小时 19 200 千米，也就是大约 16 倍声速的速度闯入了火星大气。随后而来的是 "恐怖六分钟"[3]，飞船迎面贴近火星上层空气，被迅速加热。在离火星地面大约 8 千米的时候，降落伞张开，反推引擎启动，减慢了着陆器的下降速度。随后，有趣的画面出现了。勇气号的四面，每一面都弹出 6 个巨大的气囊，这些气囊紧紧包裹住勇气号，就像一串巨大

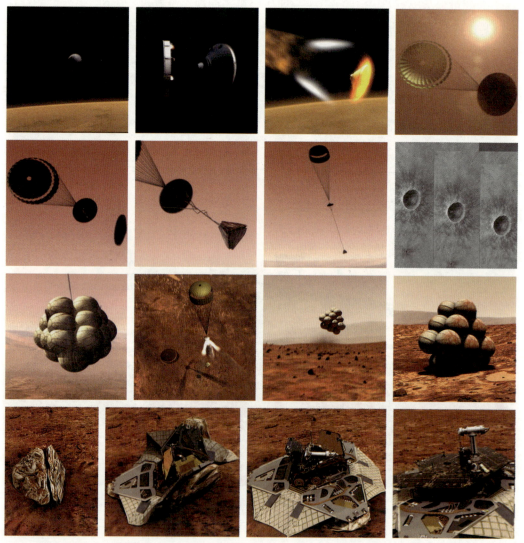

勇气号 "恐怖六分钟" 的着陆过程（来源：NASA）

［1］https://mars.nasa.gov/mars-exploration/missions/mars-exploration-rovers/
［2］https://mars.nasa.gov/mer/mission/timeline/
［3］https://mars.nasa.gov/mer/mission/timeline/edl/steps/

的葡萄，它撞向火星地面又反弹起来。在落地反弹了十多次之后，勇气号终于在400米外的地方停了下来，成功着陆在古谢夫环形山！在帕萨迪纳的控制室里，两百多位科学家、工程师和美国宇航局的官员们热烈地欢呼起来。

3周之后，机遇号在火星另一边的子午线平原也成功着陆。在安全气囊的保护下，它直接弹进了直径22米左右的老鹰陨石坑内[1]，被科学家们开心地称为"一杆进洞"。

这两个初来乍到的"机器人地质学家"即将开始它们的探险之旅，这真是一件让人激动万分的事情。出发之前，我们先来看一下它们携带的装备。

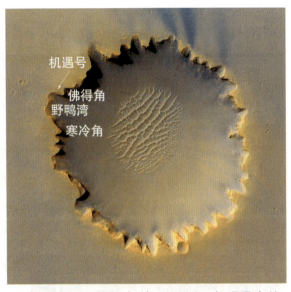

子午线平原上的维多利亚环形山，机遇号在着陆时幸运地弹跳开来（来源：NASA）

勇气号 / 机遇号的结构示意图（来源：NASA）

如果你是一位野外地质学家，那么你身上最有用的就是眼睛了。对于"火星地质学家"来说尤为如此，因为火星空气非常稀薄，"听觉"和"味觉"都用不上，"视觉"是非

---

[1] https://www.nasa.gov/image-feature/jpl/pia21494/rovers-landing-hardware-at-eagle-crater-mars

常关键的感知途径。漫游器的"眼睛"位于桅杆的顶部，像螃蟹的眼睛一样，长长地伸出来，离地面大约有 1.5 米，可以 360 度旋转。两个相机可以互相配合，形成立体图像。它们都拥有 1 600 万像素，每个只有 250 克，可以轻松放在手掌上。

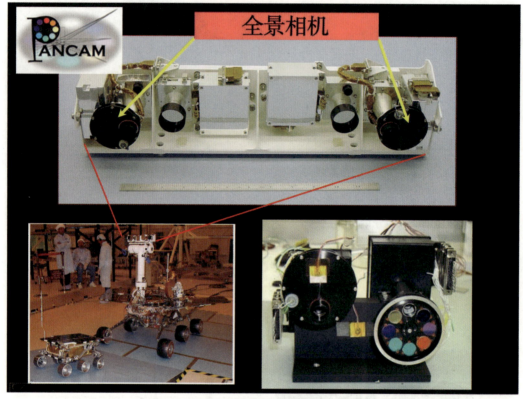

勇气号/机遇号的"眼睛"（来源：NASA）

对于地质学家来说，一双灵活有力的手臂也很重要。勇气号和机遇号都是"独臂英雄"，但这个"手臂"功能十分强悍，拥有一肘、一腕和四种运动模式，并且每个"拳"中都握有一个小相机，就像地质学家手持放大镜一样。当然，趁手的锤子也是少不了的，它们的手臂上还配备了一个名叫 RAT 的设备。RAT 是一种强有力的、内嵌有钻石的岩石研磨器，即使面对最坚硬的火山岩石，也可以在两小时

出征前调试中的勇气号/机遇号的"手臂"
（来源：NASA）

的时间内磨出一个宽 5 厘米、深 0.5 厘米的洞。

　　说完了"手臂"，再说说"腿"。勇气号和机遇号都各有 6 个轮子，每个轮子都有独立的驱动装置，这能让它们灵活应对火星的各种地形。要知道，对于一个离"家乡"数千万千米的昂贵漫游器来说，最糟糕的情况就是摔个四脚朝天了，一旦发生，它们很可能在瞬间就变成一堆动不了的废铁。在你的想象中，NASA 的工程师可能会这样：帽子一歪，突然从左向右猛击操纵杆——因为漫游器在火星沙丘上要歪倒了！想象是挺生动的，但真实情况远没有这么激烈。漫游器在平地上的最高速度是每秒 5 厘米，也就是 1 分钟才缓缓挪动 3 米。再加上避险软件要求漫游器每隔几秒就停一次，它们的速度就更慢了，要是在地球上，蜗牛可能都比它爬得更快。

勇气号 / 机遇号的"腿"（来源：NASA）

　　好的，准备就绪的勇气号和机遇号终于要以蜗牛的速度出发了。然而，接下来的旅程很快让它们意识到——选择有多么重要。虽然勇气号和机遇号在硬件上的"DNA"都是相同的，但是它们所处的不同环境，却带给两个漫游器截然相反的命运。一个给了糖，另一个给了当头一棒。

　　机遇号和勇气号，变成了"幸运"的机遇号和"无畏"的勇气号。从昵称就能看出来，它们命运的反差多么具有戏剧性。

机遇号行驶的后视图（来源：NASA）

2005 年 1 月 9 日机遇号利用其全景照相机拍摄的近似真彩的铁镍陨石合成照片
（来源：NASA）

"一杆进洞"后，机遇号的精彩生活开始了：刚刚着陆，它就在旁边的石块上发现了曾经有水存在过的痕迹；被派去检查自己的热防护罩，结果在路上意外发现了一块篮球大小的铁镍陨石。第一次在另一个星球发现陨石的"殊荣"就这样轻松拿下。

幸运不止于此。2007 年，火星上一次令人窒息的沙尘暴遮蔽了 99% 的阳光，机遇号的太阳能板尘埃密布，电力低到了极点。而大难不死，必有后福——在几次风力的"清洗"之后，机遇号竟然满血复活，像是有一个灰尘妖精，把太阳能板上的灰尘全清扫干净了。

而在 2011 年，它又在奋进环形山边缘的一个露头上，发现了锌的富集区，还有一个含水硫酸钙的明亮岩脉。这个发现被斯奎尔斯称为"我们在 8 年的探索中发现存在液态水的最明确的证据"。直到 2019 年，"幸运"的机遇号才落幕，这时它已经在火星上整整工作了 15 年。

2011 年 11 月机遇号发现的含水硫酸钙的明亮岩脉（来源：NASA）

与机遇号比起来，勇气号的命运就坎坷多了，用句流行的话说：讲起来都是泪。

勇气号的第一次灾难在着陆之后不到 3 周的时间就发生了，它突然停止了与任务控制系统的对话，陷入了"重启死循环"。其实也就是在重启时发生了一个错误，这个过程不得不一次次循环下去。幸好，最后发现了肇事者，原来是闪存的问题，经过仔细处理后终于解决了这个问题。

软件出错之后，勇气号的硬件也出了问题。一个经常出错的轮子给它带来了不少麻烦，但任务还要执行，它只能坚强地爬上比自由女神像还高的丈夫山，用自己的小锤子——RAT 继续工作，在钻探的过程中连金刚钻头都磨坏了。2006 年，才抵达火星两年的勇气号，前轮就完全无法工作了。从此之后，它只能拖着那个没用的轮子，一瘸一拐地在泥土中前行。

勇气号的全景照相机捕捉到的丈夫山（来源：NASA）

又过了 3 年，勇气号遭遇了最致命的一次意外。在哥伦比亚山的山脚下，勇气号在穿过一个暗色土层时，身体左侧陷入到一片白色松软的沙中。这是一种没有什么内聚力的硫酸铁，按理说困不住轮子，但事实是，勇气号真的被困住了。2009 年 11 月 21 日，操控员发出一系列希望它前进 5 米的指令，但最终只让它挪动了 0.25 厘米，这跟没动也没啥区别。随着系统逐渐老化，勇气号又开始出现了记忆丧失的现象。2011 年 5 月 25 日，在 1 300 个指令都没收到答复之后，救援任务宣告结束。我们多病多灾的勇气号终于能彻底休息了。

同样能休息的还有漫游器背后的操控员。其实，他们才是藏在幕后、真正的"火星地质学家"。可能在你的想象中，漫游器的操控员是那种胡子拉碴、不修边幅的科学家形象，但其实正好相反，勇气号和机遇号一共有 14 名操控员，他们不仅年轻，而且还有许多是女性。

每一天,他们都要对前一天的行动结果进行评估,然后作出今天的行动计划——可能是测量一块感兴趣的石头,也可能是围着哪个障碍物做巡视。做完计划之后,他们还要把这些计划转化为漫游器"听得懂"的指令。

做指令可不是想象中那么轻松,而是要进行一些仿真模拟,由科学家团队进行检查,排除掉那些可能导致错误的情况,指令清单要检查两遍之后才能发给漫游器。一定要非常小心非常谨慎,任何一个错误的代价都可能是巨大的。

还要提醒你一点,一个火星日比一个地球日长出近 40 分钟,这意味着什么呢?操控员每天的工作开始时间都要比前一天推迟 40 分钟,一天天过去,工作时间会逐渐变成半夜 12 点、凌晨 2 点、凌晨 4 点,这是独特的"火星时差"。操控员斯科特·麦克斯韦(Scott Maxwell)幽默地说:"这无论是对你的身体、大脑,还是社交关系都是很不利的。"

说了这么多,可能你已经迫不及待地想知道勇气号和机遇号的工作成果了。它们是奔着"水"去的,到底有没有什么重要发现呢?我可以告诉你,不但有发现,而且有很多。

刚刚到达火星几周,机遇号就已经证明了子午高原曾经是一个被水浸透了的平原。证据是一块从着陆点被抛出来的石头,称为"酋长岩",包含了许多有关水的历史信息。机遇号还找到了许多小硬石球,称为"蓝莓",它们有的散布于子午高原表面各处,有的聚集成岩。"蓝莓"由赤铁矿组成,这是一种在地球上需要有水的存在才能形成的富铁矿。后来,机遇号又发现了一种称为黄钾铁矾的矿物,在地球上也是只在有酸性水存在的环境中才能出现。

机遇号证明子午高原曾经是一个被水浸透了的平原(来源:NASA)

2004 年机遇号发现的"蓝莓"，图片宽度为 3 厘米（来源：NASA）

勇气号也取得了很多类似的发现。在一块名为"克洛维斯"的石块中，它发现了针铁矿，这种矿物在地球上只在有水的环境中才能形成。勇气号还测量到一个土壤样品中盐的浓度很高，这也是存在水的间接证据。

大大小小的证据综合起来，使得远古火星表面曾经有水的观点变得非常有说服力。

火星上曾经有水，这可能是一件听起来让人振奋的事情，但你可能不知道，这个发现对科学家们来说是挺头疼的，因为它带来了更多复杂难解的问题。

这是因为，火星表面在十亿年前"温暖湿润"的观点，还得不到气候模型和火星陨

2004 年 8 月勇气号在这块名为"克洛维斯"的岩石上凿出了一个 9 毫米、迄今为止在火星岩石中钻得最深的洞（来源：NASA）

石证据的支持。不但得不到支持，而且是相互矛盾的。要知道，火星的引力很小，维护不了深厚的大气层，而早期的太阳也比现在暗，需要温室效应让气温至少高到 65~70 摄氏度，才有可能让火星表面的水融化。而与此矛盾的是，虽然火星早期可能存在二氧化碳，但光有二氧化碳显然是不够的，火星大气必须要足够稠密，温室效应才会变得明显。从现在已经掌握的证据来看，这显然是不太可能的。所以说，火星的气候变化至今仍是一个未解之谜。

不管怎么说，火星仍然是唯一一个在不久的将来有可能印上人类足迹的太阳系大行星。火星上的未解之谜，让人类探索火星的热情与日俱增。这不只是科学家的目标，也是社会大众的热切期盼。

勇气号和机遇号之后，好奇号从 2012 年 8 月开始探索火星（来源：NASA）

正如斯奎尔斯所说，"勇气号和机遇号就是我们的替代物，我们的机器人先驱"，终有一天，会有宇航员"在老鹰环形山的车轮辙上踏上靴子的印记"。

2020 年 7 月 23 日，我国的火星探测器天问一号发射升空。今天，我们的祝融号火星车也早已超出了 90 天的设计寿命，完成了地形探索、土壤和岩石检测、火星大气监测等多项任务。我们希望祝融号能够持续工作到五星红旗插上火星的那一天。

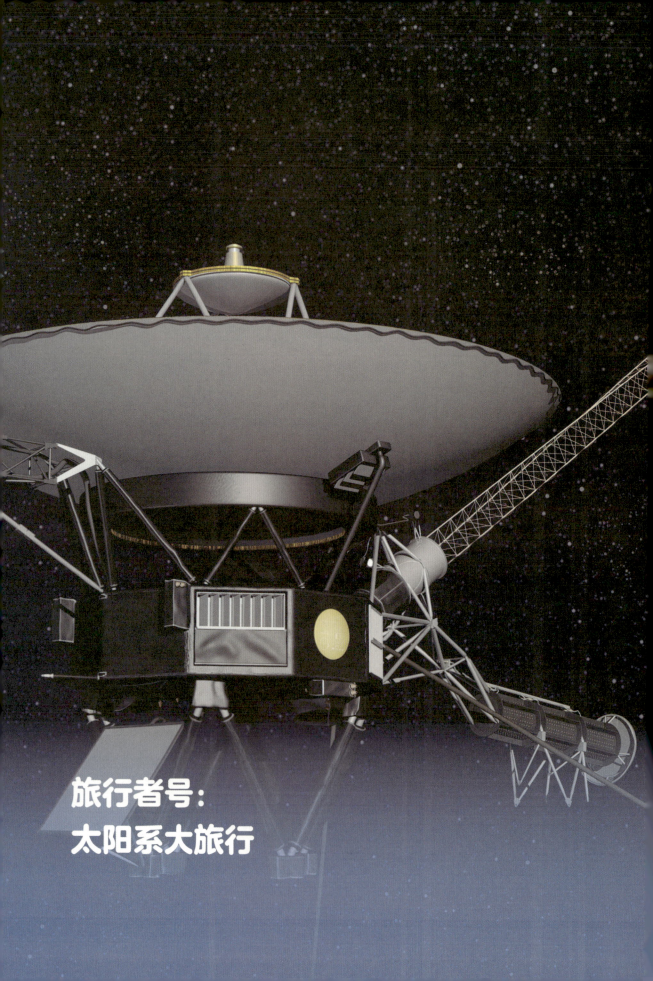

旅行者号：
太阳系大旅行

1990 年 2 月，旅行者号任务公共信息办公室主任尤里·范德伍德（Jurrie van der Woude，1935—2015）坐在办公桌前头疼不已。就在刚刚，在距离地球大约 60 亿千米的地方，旅行者 1 号朝着太阳的方向拍摄了 60 张照片，却迟迟无法传回。当时，美国的深空网络正围着麦哲伦号、伽利略号飞船忙活，实在顾不上服役 13 年的"老兵"旅行者 1 号。

你可能觉得，不过是一个"老兵"拍下来的几张照片嘛，跟最新的科研任务相比，又有什么重要呢？到了 3 月底，这批照片才陆续传回地球，但传到最后 6 张时，微弱的信号被下雨中断了。到了 4 月份，它们又不巧地遭遇了一次天线的硬件故障，一直到 5 月份才全部传回。在最后这 6 张照片中，仅有一张出现了地球。

当这张看似普普通通的照片公之于众时，没想到竟然引发了轰动。历经波折才得以返回地球的它，被很多评论者认为是旅行者号任务中最有意义的一张照片，甚至被评为人类太空探索史上最有象征性的照片之一，这张照片被称为"暗淡蓝点"。那么，这张照片为什么会得到如此高的评价呢？难道它比人类在月球留下脚印的照片更经典吗？

暗淡蓝点（来源：NASA）

在 20 世纪 70 年代以前，人们对土星、木星这些气态行星几乎没有什么了解。直到先驱者 10 号和先驱者 11 号在飞掠时拍下了它们的照片，这才大大激发了人们的探索欲。这批照片尽管还是非常模糊，但清晰度远超地面望远镜拍摄的，它们展现了气态行星奇特面貌的冰山一角。那个时候，人们还在猜测气态行星的表面温度是不是能达到可怕的上万摄氏度，猜想它们的卫星是不是像月球一样毫无生机。终于在 1977 年，美国宇航局派出了一对孪生兄弟，为我们一探究竟。这就是本章的主角——大名鼎鼎的旅行者号探测器。

先驱者 10 号 1973 年传回的木星图像（来源：NASA）

旅行者号孪生兄弟分别于 1977 年 8 月 20 日和 9 月 5 日，于佛罗里达州卡纳维拉尔角发射升空，发射时间仅差了半个月。先发射的叫 2 号，后发射的叫 1 号。这是因为，后发射的走了一条更快抵达目标的路线，它是后发先至。它们几乎是完全相同的两艘飞船。从外观上看，每艘都像一个光秃秃的大锅盖，垂着几条又细又长的"手臂"，看似轻盈，但质量约 800 千克，和一辆小汽车差不多。每艘飞船都有一个"心脏"，是一个复杂的十面体，包含着大量的电子器件。"心脏"的前面是一根直径 3.3 米的高增益天线，用来和地球保持联系。从"心脏"向外延伸出两根吊杆，上面安置着 10 个重要的科学仪器，包括照相机、光谱仪，还有测量磁场、带电粒子、宇宙线的设备等。

旅行者号部件展示（来源：NASA）

　　两艘旅行者号飞船开启了它们的惊奇之旅，这是一场非常遥远的旅程，而摆在它们面前的头等难题就是——动力。要知道，搭载它们的泰坦三号 E 半人马座火箭只能把它们送到木星附近。接下来如果想飞向土星，需要达到每秒 17.3 千米的速度；如果想继续离开太阳系，需要达到每秒 42.1 千米，这相当于 15 万千米的时速。如何才能达到这么高的速度呢？

　　可能有些读者已经猜出答案了，没错，就是引力弹弓效应。美国宇航局的工程师们早就计划好，在旅行者号到达木星的时候，可以让"大胖子"木星"推"它们一把，给它们提个速。旅行者 2 号把引力弹弓玩得非常溜——它先后飞过了四颗气态巨行星，每一次都成功"蹭到"了速度，获得了强大的引力助推。利用这种精妙的"引力舞蹈"，它们成了人类历史上深入太空最为遥远的人造飞行器。

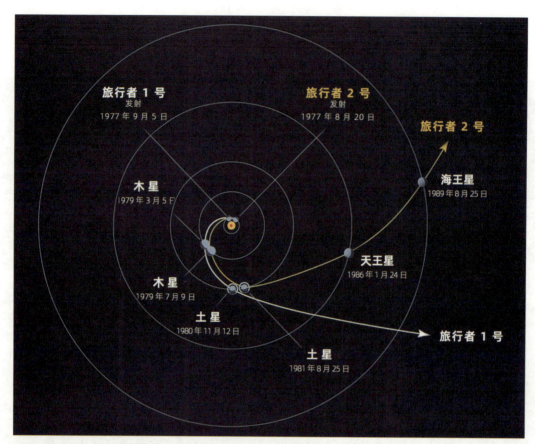

旅行者 1 号和 2 号的"引力舞蹈"（来源：NASA）

根据旅行者 1 号传回的图片还原出的木星大红斑
（来源：NASA）

像这样能够连续借助四颗大行星的引力弹弓效应的机会，每176年才会遇到一次。

旅行者号在漫长的征程中，获得了大量有价值的科学发现，我们先从它们的第一个目标木星说起。这颗比地球质量大320倍的巨大气体行星，还真给人类带来了不少意外惊喜。

旅行者 1 号和旅行者 2 号在 1979 年先后抵达木星，观察了木星上最重要的特征——大红斑。它们发现，大红斑是一个巨大的反气旋，周边有着大量的旋涡和小型风暴，大红斑的面积大得惊人，足以吞下整个地球。

　　而最让人惊喜的是它们传回的木卫二欧罗巴的照片。旅行者号相机的像素很低，每2千米才能成1个像素。即使这样，这些模模糊糊的照片还是让科学家们震惊不已：整个星球是迷人的白色，而且还布满了条纹，看上去就像一个到处是裂缝的鸡蛋。这个特殊的颜色意味着，欧罗巴很可能是个大冰球，不是水冰就是干冰。更多的观测还表明，在冰层之下还可能存在一个液体的海洋。所有信息都让人忍不住浮想联翩。通过这次"曝光"，原本不起眼的欧罗巴立刻成了美国宇航局眼中的香饽饽。

旅行者1号拍摄的木星和它的三颗卫星（靠右侧最明亮的是欧罗巴）（来源：NASA）

旅行者号于 1979 年访问了木星的四颗伽利略卫星（来源：NASA）

　　下一个目标是土星。旅行者 1 号在 1980 年初次造访土星，据说当时全球约有 1 亿人收看了美国宇航局的电视直播，有 500 位来自世界各地的记者报道了这一"人类航空探索史上前所未有的事件"。没办法，这个怪异的新世界确实是太阳系中的"明星人物"，最吸引人的莫过于神秘的土星光环。旅行者 1 号发现，在巨大的土星环中，不仅有大大小小的环缝，还有许多扭结、疙瘩一样的结构。更令人意外的是，这些由冰和石块混合成的光环，也在进行着精妙的引力舞蹈，像空中的大雁一样，时不时地变化队形。除此之外，旅行者 1 号在飞掠土卫六泰坦时，惊讶地发现这颗卫星竟然有浓密的大气，这个特别发现让美国宇航局作出了一个决定：放弃原定飞向天王星和海王星的轨道，改为一条距离泰坦更近的轨道。

　　当然，促使美国宇航局作出这个决定的另一个重要原因是还有跟在后面的旅行者 2 号，这是一个双保险策略。在拜访完土星后，旅行者 2 号继续向着前方的天王星、海王星旅行。

　　在旅行者 2 号之前，我们对暗弱而朦胧的天王星、海王星了解得很少，旅行者 2 号

旅行者 1 号 1980 年拍摄的土星图片（来源：NASA）

是唯一飞越这两颗外行星的探测器，它有什么收获呢？旅行者 2 号发现海王星上风速极大，能达到每小时近 2 000 千米。海王星上也有一颗大黑斑，大小与木星的大红斑差不多。除此之外，它还发现了许多好玩的卫星。比如，天卫五米兰达的直径只有 480 千米，却有着巨大的峡谷和十几千米高的地形，一些年老的特征和年轻的特征，在它的身上奇妙而和谐地共存。再比如，海卫一特里同是太阳系中最冷的卫星，温度低至零下 235 摄氏度，这种低温足以将任何气体冻成固体。

在离开天王星、海王星后，旅行者 2 号继 1 号之后，也开始向太

旅行者 2 号拍摄的海王星图片（来源：NASA）

阳系外"流浪"。这无疑是非常激动人心的，它们即将到达此前任何飞行器都从未探访过的神秘地带。虽然它们的先辈先驱者号探测器此时离太阳更远，但旅行者号凭借着速度优势，会飞得更远。更重要的是，先驱者号已经与地球失去了联系，而旅行者号依然保持着通信，它们是人类深空探测的一个里程碑。

太阳系之外有什么呢，太阳系的边界到底在哪里呢？这是一个有争议的话题。但旅行者号确实跨越了一个神秘的"边界"。要知道，太阳的上层大气不断向各个方向发出高能带电粒子，这些太阳风以每小时 160 万千米的速度穿越宇宙，跨越行星，但到了某个地方，却会突然降速，像急刹车一样慢下来。这个地方，就是弥漫于恒星与恒星之间的空间区域，充斥着由氢和氦组成的稀薄气体。2004 年 12 月，旅行者 1 号穿越了这个特殊区域，几年后，旅行者 2 号也跟随它的伙伴闯进了这个未知世界，它们得到了令人吃惊的结果。

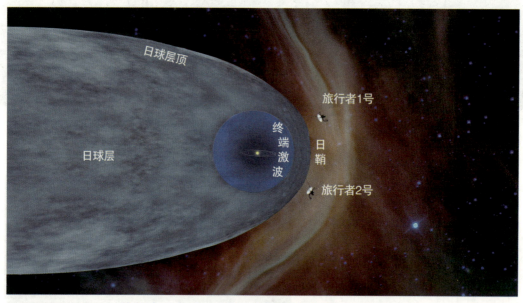

旅行者 1 号和 2 号进入星际空间（来源：NASA）

在这之前，人们一直以为远离太阳系的空间是很平滑的，没有什么结构，但事实证明，太阳系的边缘并不光滑，也并不宁静，而是充满了宽约 1.6 亿千米的混乱的磁场泡泡。而 6 年后的 2010 年 12 月，旅行者 1 号观测到它身边的太阳风粒子的速度减到了零，也就是说，它到达了一个太阳风都无法到达的地方，抵达了一个神秘莫测的新世界的边缘——恒星与恒星之间的广阔空间。直到现在，40 多岁"高龄"的它们仍然继续飞驰着。这个给我们带来无数惊喜的故事还没有结束。

在旅行者号所有令人惊叹的成就中，我想特别强调其中的两项。第一项成就，就是本章一开始提到的那张"暗淡蓝点"的照片，它是由旅行者号成像科学团队中的一员、著名科学家卡尔·萨根（Carl Sagan, 1934—1996）提议拍摄的。他提议让旅行者号在越出海王星轨道、离开黄道面之时，回眸一瞥，给我们的地球家园拍一张照片。要知道，"回眸一瞥"这句话说起来容易，做起来是很难的，光是编写指令就要耗费许多脑力，还要消耗宝贵的燃料，更何况还不一定有什么科学回报，美国宇航局的官员一开始并不太乐意。但万幸的是，1990年2月，旅行者号还是执行了这个看似意义不大的任务——在距离地球大约60亿千米的地方，它回过身，朝向太阳的方向拍摄了60张快照，这些照片足足用了3个月的时间才传回地球。这其中仅有一张，包含了我们的地球。人们看到，偌大的宇宙背景中，地球藏在散射的太阳光中，就像它的名字"暗淡蓝点"一样，毫不起眼，相当暗淡，就占了那么一个小小的空间，像黑板上的一颗小芝麻。正是这张照片，无情地揭示了地球在太阳系中的真实模样，以强烈的视觉效果宣告着：嘿，人类，你们在宇宙中实在太微不足道了。

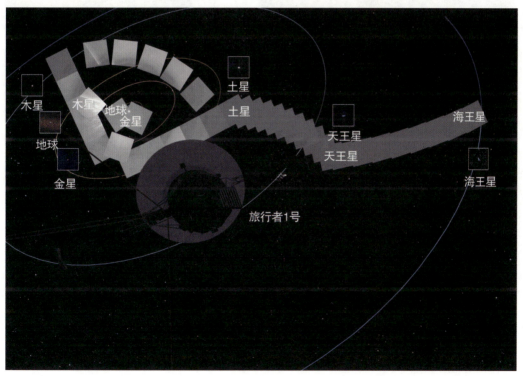

"回眸一瞥"拍到的图片对应的太阳系行星位置（来源：NASA）

这张能够重塑人类宇宙观的照片，也因此成为旅行者号任务中最有意义的瞬间，甚至是人类太空探索史上最具象征性的剪影。

第二项成就，就是同样非常知名的旅行者号金唱片。这是一张不折不扣、可以播放的镀金的铜质唱片，是我们送给外星人的可爱礼物。最早是由法兰克·德雷克提出，用一种类似留声机唱片的设备来记录声音和照片，可以像电视一样播放。在真空中，如果没有遭受物理碰撞的破坏，这张唱片可以保存十亿年之久。金唱片已经不是人类送给外星人的第一份礼物了，但它是第一份携带了地球声音、音乐和照片的礼物。格外有趣的是，里面有 55 条人类的问候语（比如有普通话的"祝愿大家好，我们都很想念你们"，广东话的"嗨，你好吗？祝你平安、健康、幸福"）。当然，这种向外星文明暴露地球信息的行为，在现在看来争议比较大。不过当时的人们，并没有觉得有什么不妥。

旅行者号金唱片（来源：NASA）

旅行者号仍在奔往星际太空的路上，不断向我们发回微弱的信号。我们在旅行者号身上投注了美好的希望，也清醒地明白，这些希望很可能会落空。但旅行者号的行动本身，就向宇宙中的其他生命表明了人类的一种品质：物理上，我们是相当脆弱的，我们也和其他物种一样，可能会走向灭绝；但精神上，我们始终保持乐观，即使在最坏的情况下也依然能够保持希望。这种本能的无畏可能早在智人出现时就拥有了，他们可能正是因此而生存下来。直到现在，这个品质依然如故——在这个残酷的世界，我们是唯一还存在的地球文明。

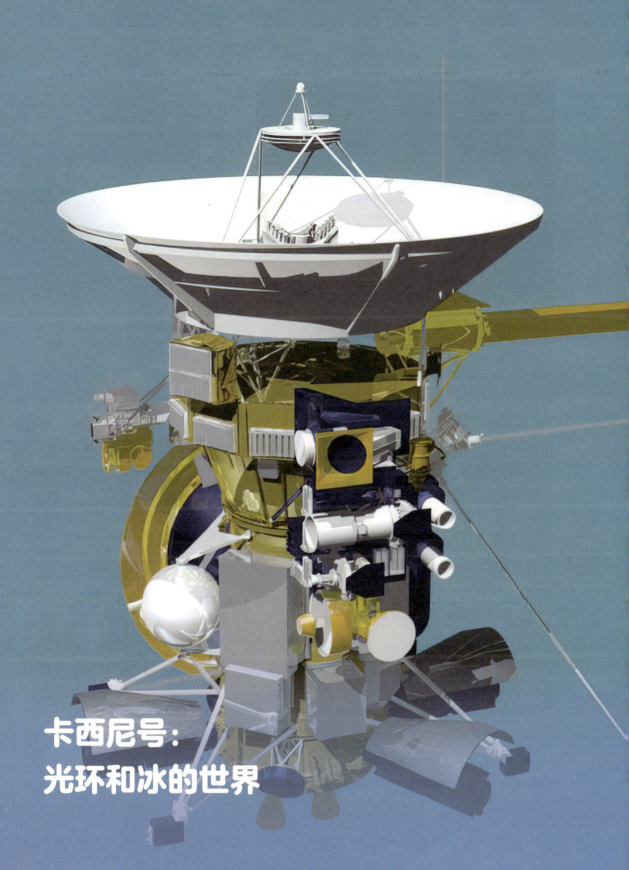

卡西尼号：
光环和冰的世界

艺术家描绘的土星光环近距离景象（来源：NASA）

我们现在已经知道，所有的外太阳系大行星都有光环，但没有哪一个光环，能比得上土星的光环，这根梦幻般的壮丽光环吸引着一代又一代的天文学家们的目光。土星光环的直径跨度可达25万千米，是地球赤道直径的19倍，但厚度在几十米到几千米之间。2004年，这根薄薄的土星光环给远道而来的卡西尼号来了个下马威，上演了惊险一幕。

2004年7月，卡西尼号到达土星上空，闯入了光环迷宫。它像穿针眼一般，进入了F环和G环之间的缝隙，与大大小小的颗粒高速并行，一不留神就可能遭受撞击。要知道，在远离地球的土星上空，哪怕是一点小小的剐蹭，都可能给飞船带来严重的后果。为了保证安全，卡西尼号不得不暂时放弃与地球通信，把高增益天线偏离朝向地球的方向，一边小心翼翼地调整角度，一边启动小火箭，以极高的精度进行减速，使得自己能成功被土星捕获。经过一波可谓惊心动魄的操作，卡西尼号终于穿过土星的光环迷宫，有惊无险地开启了它的绕行之旅。

这段小小的插曲让不少科学家胆战心惊。要知道，卡西尼－惠更斯任务是美国宇航局最复杂也最具雄心的太空任务之一。他们计划将捆绑在一起的一大一小两个探测器一起送入土星轨道，大的主探测器叫卡西尼号，小的叫惠更斯

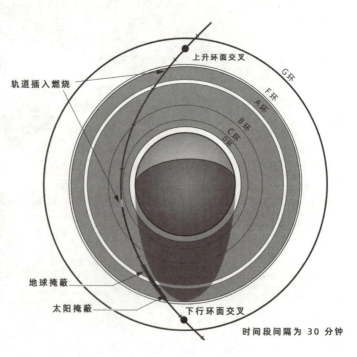

卡西尼号闯入光环迷宫（来源：NASA）

号。惠更斯号的目标是着陆土卫六（泰坦），而卡西尼号则会常驻土星轨道进行探测。这个从 1982 年就开始启动的项目，耗资惊人，由美国宇航局出资 26 亿美元，欧空局出资 5 亿美元，意大利航天局出资 1.6 亿美元，三家单位联手总共花费大约 32.6 亿美元，才把这个项目完成。最终卡西尼号也用自己的实力证明，所有的这些花费都是值得的，它带给人类的惊喜，远远超出最初的想象。当你深入本章的故事之后，你一定会被卡西尼号与惠更斯号这两个主角的经历所折服。

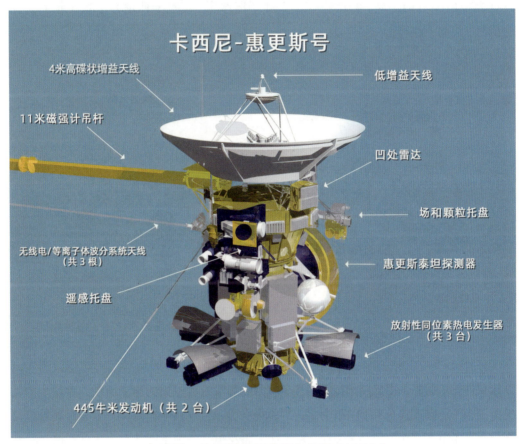

卡西尼 – 惠更斯号部件图（来源：NASA）

1997 年 10 月，质量约 6 吨的卡西尼号被发射前往十亿千米之外的土星。之所以叫"卡西尼号"，是为了纪念 17 世纪意大利天文学家乔凡尼·多米尼克·卡西尼（Giovanni Domenico Cassini, 1625—1712），正是他发现了土星的四颗卫星——土卫八、土卫五、土卫四和土卫三，以及土星环中的环缝，他还与其他人一起发现了木星的大红斑。

虽说土星与地球最近的直线距离是 12 亿千米，但当卡西尼号到达土星时，它整整走过了 35 亿千米，约是最短直线距离的 3 倍。为什么卡西尼号多走了这么多弯路呢？

原来，虽然美国宇航局发射卡西尼号时已经动用了当时最好的火箭，但火箭的动力仍不足以支撑卡西尼号克服太阳的引力，直接来到土星。卡西尼任务的设计师必须借用引力弹弓效应的帮助，精心计算，规划出一条最省燃料的路线。

大致说来路线是这样的：首先，它飞向金星，利用金星的引力弹弓效应给自己做第一次加速，绕太阳一圈后再次遇到金星，用金星给自己做第二次加速。紧接着，又刚好遇上地球，卡西尼号再次利用地球的引力弹弓效应把自己甩向木星。木星才是整个飞行计划中最关键的一环，它就像一个大胖子链球手，接过卡西尼号后甩手把它扔向土星。

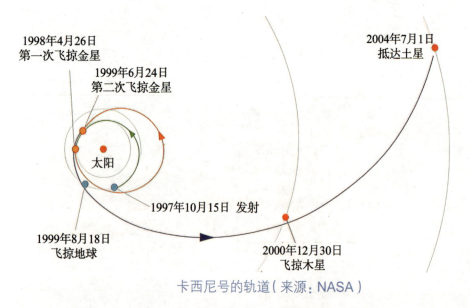

卡西尼号的轨道（来源：NASA）

经过这样一番复杂的"抛掷游戏"，卡西尼号终于抵达土星上空。你可能以为它可以休息一下，围着土星悠闲地绕圈子了，但事实远没有你想象的那么简单。路途中的几次抛掷，只是接下来一系列"引力舞蹈"的热身罢了。在核心任务期间，卡西尼号整整绕行土星140圈，其中线路之复杂，真是让人眼花缭乱。为了能从各个角度观测土星和它的卫星，卡西尼号70次借用土卫六的引力帮助，一次次改变自身轨道的大小、周期、速度、倾斜角。为啥要土卫六帮忙呢？原因很简单，它是土星最大的卫星，这个"小胖子"是"引导"卡西尼号运动的最有用的工具。总之，经过一系列复杂且巧妙的轨道设计，美国宇航局的工程师成功地使用仅有的四分之一的燃料，将任务的持续时间延长了一倍。

虽然不能着陆，只能飞掠，卡西尼号依然能够对土星及其卫星进行许多科学探究。

卡西尼轨道器携带了 12 个科学仪器[1]，惠更斯探测器也携带了 6 个[2]。就像"瑞士军刀"一样，这些科学仪器合在一起是一个整体，分离出来又各有用处，大致可以分成三种类型：一是使用可见光的遥感测量，二是使用微波的遥感测量，三是针对飞船附近环境的研究。

其中，可见光的遥感测量是最为大众所熟知的，我们看到的各种各样怪异的土星照片，大多是来自卡西尼号的主相机。仪器团队的首席科学家卡洛琳·波尔科（Carolyn Porco）还专门建立了一个网站，发布土星的图片，并配上了深情的"日记"。另外，还有两个绘图光谱仪，可以在光学和红外波段分别观测土星及其卫星、光环，来确定它们的成分和温度。

而第二种微波遥感仪器则很不同——它需要卡西尼号自己产生射电波或者微波，用直径长达 4 米的高增益天线发射到目标上，然后"聆听"微弱的回波信号。这种方式可以更深入地探测土星大气，寻找更多细节。

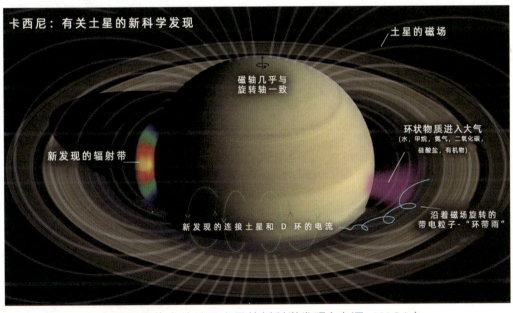

卡西尼号作出的关于土星的新科学发现（来源：NASA）

在卡西尼号悠长的绕行任务中，有一个短暂、刺激而又美妙的中心"独奏"。虽然这个任务仅持续了一个多月，在卡西尼号整整 13 年的任务执行中只占很少很少的一部分，

---

[1] https://sci.esa.int/web/cassini-huygens/-/34954-instruments?fbodylongid=1612

[2] https://sci.esa.int/web/cassini-huygens/-/31193-instruments?fbodylongid=1604

却是全世界科学家最期待的。整个卡西尼任务的高光时刻，就是放下了惠更斯号，让它在土卫六泰坦星上降落。

要知道，惠更斯号的电池能够连续工作的时间不到 3 个小时[1]。为什么把这个无比宝贵的着陆机会给了泰坦星呢？泰坦星是太阳系中的第二大卫星，看似平凡无奇，却拥有着比地球还要深厚的大气层，而且大气层最主要的成分同样是氮气，氮气占 98.4%，然后是甲烷占 1.4%、氢气占 0.2%[2]。我们都知道，地球的大气层也是氮气最多，也含有甲烷。有些想象力比较丰富的天文学家就设想了：在泰坦星上，是否能有一种外星生命以液态甲烷为溶剂，在厚厚的云层下生活呢？不管怎么说，泰坦星勾起了科学家们的强烈好奇，在这颗卫星上，可能有着生命存在的希望。

2004 年 12 月 25 日[3]，320 千克的惠更斯号与卡西尼号脱离，开始环绕着泰坦星飞行，寻找降落的机会。2005 年 1 月 14 日，惠更斯号撑起巨大的降落伞，在泰坦星浓密的大气层中缓缓降落。整个降落过程持续了近两个半小时，最终成功着陆。科学家们簇拥在任务控制室的监视器前，紧盯着这荒凉而令人惊奇的景观长达 90 分钟，远远长于预期的 30 分钟，直到电池最终衰竭。

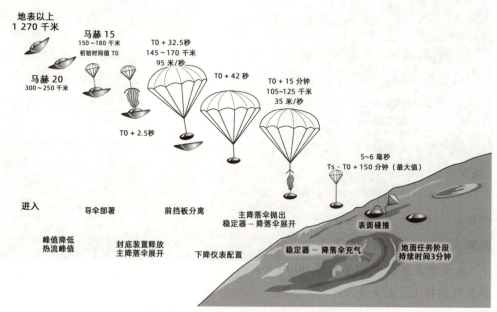

惠更斯号降落泰坦星的详细图解（来源：NASA）

[1] https://www.nasa.gov/mission_pages/cassini/timeline/huygens_titan.html

[2] https://sci.esa.int/web/cassini-huygens/-/55222-science-highlights-from-huygens-1-profiling-the-atmosphere-of-titan

[3] https://www.esa.int/Science_Exploration/Space_Science/Cassini-Huygens/The_mission

虽然生命短暂，但惠更斯号不辱使命，把泰坦星的数据传回了地球。透过这些珍贵的照片，人类终于看清了泰坦星的地表。怎么形容呢？如果我拿着惠更斯号降落后拍摄的照片让你猜这是哪里，你多半会猜这是我国西部地区的某个干涸的湖床。是的，惠更斯号看到的景象就是一片平坦的戈壁滩，上面布满了大大小小的石块，这些石块很像是被水流冲刷形成的鹅卵石，圆滚滚的。从后来公布的资料得知，这些石头其实是冰块，不是干冰，是真正的水冰。

惠更斯号在下降过程中拍摄的泰坦星全景景象（来源：NASA）

那泰坦星上到底有没有外星生命呢？我只能说，到目前为止，科学界还没有定论，但对泰坦星抱有生命幻想的科学家不是很多。截止到今天，我们对泰坦星所知道的情况是：它的表面温度大约是零下 179 摄氏度，这是一个极端寒冷的世界。我们也没有观测到任何泰坦星内部有热源的迹象，在这个世界中，你不可能找到液态水。迄今为止，人类尚没有发现任何可以脱离液态水还能保持活动状态的生命形式。

在来到土星之前，人们对泰坦星上可能存在生命抱有极高的希望，但惠更斯号告诉我们：希望多大，失望就有多大。然而，这种失望的情绪并没有持续多久。很快，卡西尼号就得到了一个重大发现，像是意外获得了一项巨奖，让所有人一扫阴霾，为之一振，而这个发现也成为卡西尼号土星之行的最大收获，没有之一。

在卡西尼号到达土星之前，科学家们都紧盯土星光环、泰坦星这些"明星"，很少有人去关注没有存在感的"小透明"——土卫二恩克拉多斯星。恩克拉多斯星的大小只有泰坦星的十分之一，在旅行者号的"眼中"，它就像一个冻成冰的桌球，几乎可以百分之百地反射太阳光。除此之外，这

惠更斯号拍摄的泰坦星部分景象
（来源：NASA）

个满是环形山的小卫星，实在没有什么亮眼之处。直到 30 多年后，人们才发现是自己当年"眼拙"。

2005 年 2 月 17 日[1]，已经抛出了惠更斯号着陆器的卡西尼号轻装上阵[2]，飞到距离恩克拉多斯星 1 264 千米的位置，对着恩克拉多斯星拍摄了一张照片。在照片中，能清晰地看到恩克拉多斯星表面喷出了羽毛状的喷流。这说明了它存在着火山活动，这也是太阳系中第四颗被证实今天依然存在火山活动的星球。更令人惊讶的是，卡西尼号上携带着的先进仪器分析出，恩克拉多斯星表面喷出的物质竟然是经过电离的水蒸气，换句话说，恩克拉多斯星上有水，而且可能水量惊人。

从此，卡西尼号最重要的使命就是一次又一次地飞掠恩克拉多斯星。在 2008 年 10 月 9 日[3]，距离近到了不可思议的 25 千米，影像团队将这种行为称为"打水漂"，也是相当贴切了。也就是在这一年，喷气推进实验室的一名叫汉森的科学家有了一个非常重要的发现，他仔细分析了卡西尼号 2008 年采集到的数据，发现有一些羽状物的喷发速度高达 2 189 千米 / 小时，这甚至已经超过了土卫二的逃逸速度。

卡西尼号"打水漂"（来源：NASA）

［1］https://www.nasa.gov/mission_pages/cassini/multimedia/pia07798.html

［2］https://www.nasa.gov/feature/jpl/infrared-eyes-on-enceladus-hints-of-fresh-ice-in-northern-hemisphere

［3］https://www.planetary.org/articles/1685

你可能一下子想不明白这意味着什么，我给你解释一下：如果说恩克拉多斯星上只有冰，这些羽状物是冰被喷出后升华成了水蒸气，那么不太可能达到这么高的速度。汉森认为，有一个最大的可能性，就是在恩克拉多斯星的冰层下面存在着液态水，火山像一把高压水枪，直接把液态水喷到了几万米的高空。

经过大量认真的观测、研究，2014年4月3日，美国宇航局正式宣布：计算表明，至少在恩克拉多斯星南极附近30千米厚的冰层之下，有着一个深达10千米的冰下海洋。这个研究成果的论文同时发表在了著名的《科学》杂志上。这绝对是一个震惊世界的大发现，这意味着我们继木卫二（欧罗巴）之后，又发现了一个地球以外的海洋。

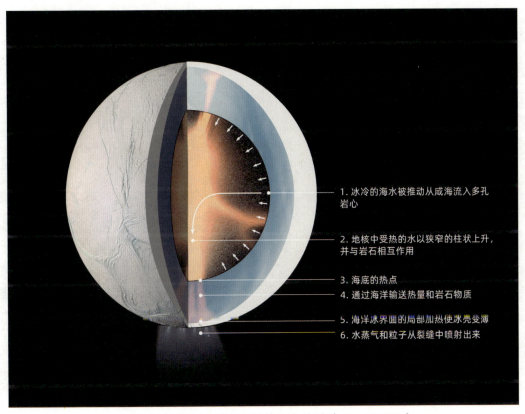

恩克拉多斯星"喷泉"的作用机制（来源：NASA）

让人惊喜的发现远不止这些。2017年4月13日，卡西尼项目的科学家琳达·斯皮尔克（Linda Spilker）宣布从恩克拉多斯星的羽流中发现了氢，并且它可以在海底为可能存在的微生物提供能量。恩克拉多斯星满足人类已知的地球生命形式所需的几乎所有条件！

这绝对是一个让全人类激动万分的发现，它给了我们关于外星生命的巨大希望，这个希望值是远远超出以往的。设想一下，如果一个巨行星的卫星适宜于生物存在，那么还按照以前的思路，去寻找类地球的系外行星就可能错过很多发现的机会。而如果一个远离太阳的小卫星都可以宜居，那么整个银河系中潜在的生命世界就可能飙升到数十亿个。这个数字太振奋人心了。

2017 年 9 月 15 日[1]，功绩满满的卡西尼号要结束它辉煌的一生，走向终章。为了防止可能携带的微生物污染外星球，卡西尼号的告别方式格外悲壮——与最初一往无前到来一样，在最后时刻，它也一往无前离开——冲进土星浓密的大气层，在高温中分解、烧毁，干干净净，片甲不留，就好像把英雄的骨灰撒在了他所热爱的土地上。

卡西尼号的终章轨迹（来源：NASA）

即使在生命的最后时刻，卡西尼号仍然在进行着科学研究。它用携带的质谱仪对土星大气进行采样，并实时发送回地球，直到它彻底成为土星的一部分。

---

[1] https://solarsystem.nasa.gov/missions/cassini/the-journey/timeline/#the-grand-finale

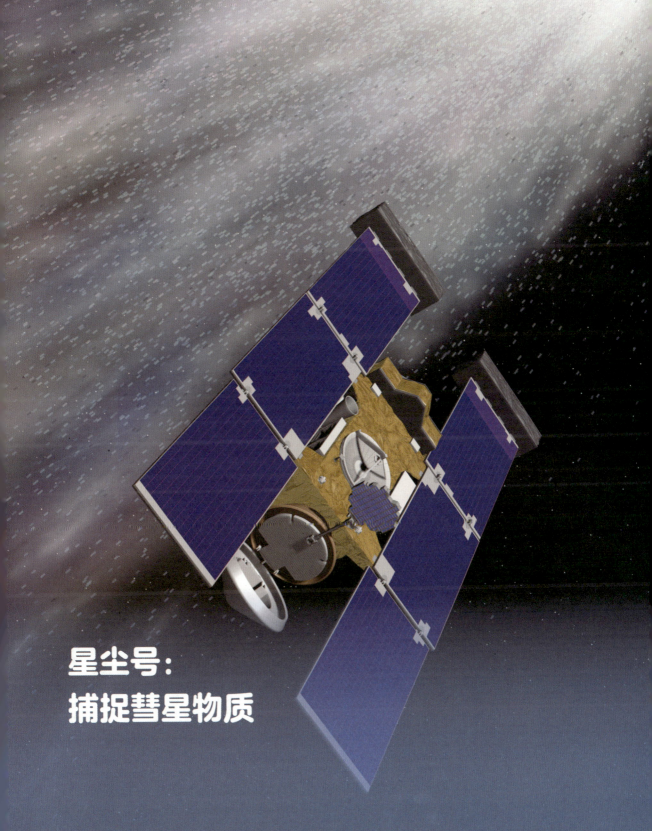

星尘号：
捕捉彗星物质

我们的太阳一定是一颗"二代目"恒星。"二代目"的意思就是说,在太阳系诞生之前,现在的位置是另外一颗更大的恒星。那颗恒星在50多亿年前突然爆发,成了一颗超新星。然后,这颗超新星爆发后留下了一片星际尘埃,这些星际尘埃在万有引力的作用下逐渐聚集起来,就像滚雪球一样越聚越大,最后在引力的作用下再次发生核聚变反应,就成了我们今天的太阳。

那么,这个结论到底是怎么得来的呢? 科学家们凭什么肯定我们的太阳不是第一代恒星? 原因就在于太阳系中有什么元素。在化学元素周期表上,序号越大的元素就越重。铁元素排在第26号。科学家们通过理论计算得知,凡是比铁更重的元素(比如铜、银、金等),都无法在恒星的核聚变熔炉中生成。得到这类元素的唯一途径,只有超新星爆发时产生的超高温和超高压。比铁更重的元素广泛地分布在我们的太阳系中,因此我们可以推断,这些重元素都是超新星大爆发后喷出的"二手材料"。

太阳系形成早期的艺术图(来源: NASA)

当然，这些只是基于科学理论的推断，除了理论，我们还需要证据。

在太阳系形成的初期，一些小天体被甩到了非常遥远的外太阳系。那是一个冰冷黑暗的世界，就像一个"冰箱"一样让原始的物质保持了最初的状态。偶尔有一些小天体被大行星的引力拉扯而偏离了原有轨道，掉进了内太阳系，就会成为一颗彗星。这些彗星的轨道多半是一个非常扁的椭圆，一端在遥远的外太阳系，一端在靠近太阳的地方。在靠近太阳的地方，受到阳光的照射，冰冻的物质就会蒸发，形成长长的彗尾。

出征的星尘号（来源：NASA）

所以，要想获取太阳系早期的物质，要么就去这些彗星上抓取样本，要么就去收集彗尾喷发的物质。相比之下，收集彗尾喷发的物质更容易实现。这就是星尘号探测器的使命。

星尘号的目标是维尔德 2 号彗星。为什么是它呢？过去，这颗彗星每 43 年靠近内太阳系一次。但是在 1974 年发生了一次事件，这颗彗星在路过木星的时候，被木星的引力拉扯了一下，它的轨道变了。轨道周期缩短到了 6 年，轨道半径也大大缩小。离地球最近的时候，与地球到火星的距离差不多。更关键的是，这颗彗星刚绕着太阳转了 5 圈。它还基本保持着过去的样子，没有被改变。所以，这颗彗星就是最佳观测对象。

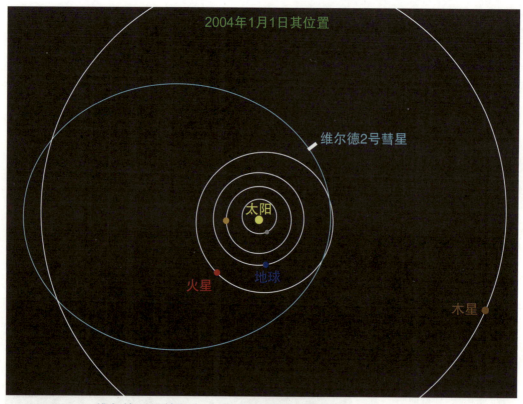

维尔德 2 号彗星在 1974 年 9 月后的轨迹（来源：NASA）

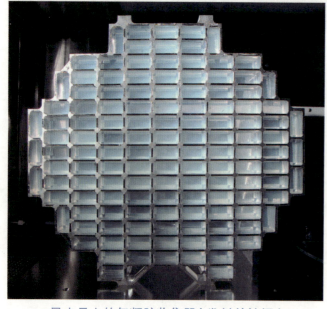

星尘号上的气凝胶收集器（发射前拍摄）

（来源：NASA）

　　如何收集彗尾中的尘埃颗粒呢？最难的是不能破坏这些尘埃颗粒的形状。科学家们想到了一个巧妙的办法，就是用气凝胶去收集和保存这些颗粒。气凝胶相当于是一种网格非常纤细的海绵，有些科学家把它们形象地称为"固体烟雾"。因为它们确实像烟雾一样轻，一大块固体几乎没什么重力，甚至比同体积的空气还轻。但是，这种材料的强度能够承受相当于 4 000 倍自身重的压力。

　　这种特殊的超级海绵的网眼大小刚刚好，粒子钻进去就出不来，会被卡在网眼里。但是它的密度又要恰到好处，使得粒子进入时不会被损坏。这样高速粒子打进气凝胶中就会留下轨迹，为辨别粒子提供了方便。就像子弹打进肥皂里，会留下一个清晰的弹道。

　　星尘号的轨道设计极其复杂。总体外观是个围绕太阳旋转的大椭圆。但是，这个椭圆又必须是恰到好处，能够刚好穿过维尔德 2 号彗星的运行轨道，而且时间上必须算得非常准，要刚好和维尔德 2 号彗星相遇。取完样之后，它继续沿着椭圆轨道运行，这个椭圆轨道也要刚好穿过地球轨道，而且必须和地球相遇，时间上不能有丝毫差错。在路过地球的时候，星尘号会把装着气凝胶的返回舱扔回地球，这又是个非常困难的事情。

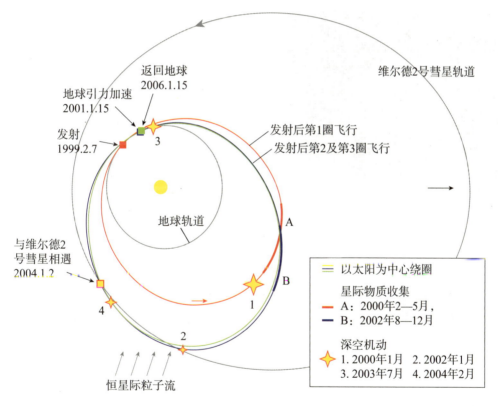

星尘号任务轨迹（1999—2006）（来源：NASA）

　　星尘号在发射后，首先利用地球的引力弹弓效应，非常快地追上维尔德 2 号彗星，两者的速度差越小，那么观察时间就越长。尽管如此，星尘号和彗星之间的速度差还是达到了 2.1 万千米 / 时，相当于子弹出膛速度的 5 倍。虽然相遇时间非常短暂，星尘号还是就近拍了 72 张照片。这颗彗星的尺寸大概是 5 千米，到处都是坑坑洼洼的，到处都在往外喷射气体。在穿过彗尾的 8 分钟里，星尘号收集了大量的样本。

星尘号不负众望，精准地按照计划飞行。协调世界时 2006 年 1 月 15 日 10 时 12 分，返回舱准确地掉在了犹他州的沙漠里。

这个返回舱实在来之不易，它可是在太阳系中转了一大圈才回来。它被送到了一个超级洁净的大厅中，科学家们打开了这个返回舱。返回舱收集的可都是从彗星上喷发出来的稀有物质，最怕的就是被地球上的物质污染。

对气凝胶带回的样品进行分析，竟然动用上了全世界很多业余天文爱好者的计算机。原始数据来自一台特殊的显微镜，能够对不同深度的气凝胶进行拍照。从表面开始，到深入样品 100 微米，一层一层地拍摄。160 万张图片被分发到互联网上，由每个业余天文爱好者的计算机来分析识别。分析程序就类似于屏保程序，你的计算机一有空闲，程序就会调用你计算机的算力对图像进行分析。

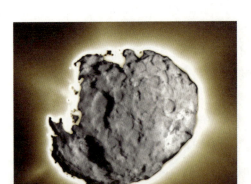

星尘号拍摄的维尔德 2 号彗星的组合图像（来源：NASA）

掉在犹他州沙漠中的星尘号样品返回舱（来源：NASA）

研究人员研究返回舱中的气凝胶收集器，有人兴奋地比画着"YEAH"手势（来源：NASA）

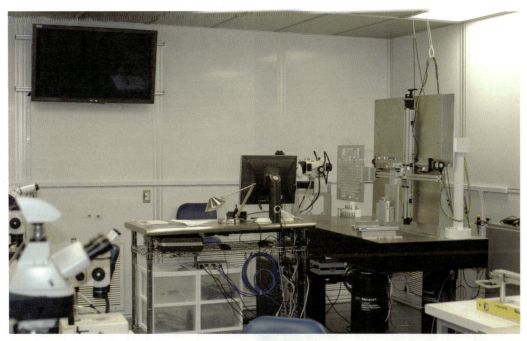

约翰逊航天中心的 ISO 5 级清洁度（无颗粒清洁空气）的星尘号研究室（来源：NASA）

有一些照片是由业余天文爱好者人工识别的，因为靠机器从这些图像里分辨出微小的颗粒不太可能。太小的粒子根本就留不下痕迹，只有大一些的颗粒能留下肉眼可见的痕迹。来自彗尾的颗粒都有非常高的速度，因此就像子弹打进肥皂那样，会留下一根明显的弹道。通过这种痕迹就可以辨别出哪些颗粒来自彗星。实际上，几百万颗粒子中，能留下痕迹的寥寥无几。弹道轨迹最长的也不过 1 毫米，0.1 毫米这个量级的都不多。

机器无法识别的照片，只有靠人眼去看。到了广大业余天文爱好者能为科学研究贡献力量的时候了。

星尘号采集回来的样本带来很多新的发现。2009 年，戈达德飞行中心的团队报告：在一些微小的颗粒中发现了甘氨酸，这是一种氨基酸。对这些甘氨酸进行的同位素检测证明：这些物质不是来自地球。这证明氨基酸作为一种构成生命的基本零部件是可以通过彗星传递的。

另外一个出乎意料的发现是颗粒

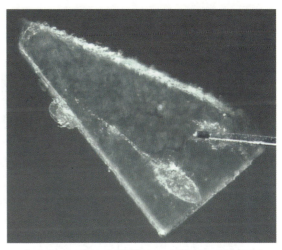

业余天文爱好者需要人工识别的图片示例
（来源：NASA）

中存在硫化铁和硫化铜成分。这些矿物质能在有水的地方形成。这起码说明，彗星的温度没有想象的那么低，是有可能存在液态水的。过去大家总认为，彗星应该是长期处在低温下，不可能有液态水，应该就是个由冰雪颗粒和尘埃组成的脏雪球。现在看来，不一定是这样的。

总之，星尘号探测到的数据给我们带来了很多新的信息，过去根据有限的信息建立起来的模型需要进行大幅度的修订。过去，我们认为短周期彗星来自柯伊伯带，冥王星就是柯伊伯带里最大的一个天体。从柯伊伯带掉进内太阳系的天体往往会形成短周期彗星。但是那些长周期彗星则来自极其遥远的奥尔特云，长周期彗星的轨道周期往往在200年以上。

本来短周期彗星和长周期彗星的来源似乎泾渭分明，它们并不是一类，但是后来发现了一些介于两者之间的海王星外天体。这种简单的划分就发生了混乱，也让我们充分体会到了宇宙的复杂性。

星尘号的样品返回舱如今在博物馆中展出
（来源：美国国家航空航天博物馆）

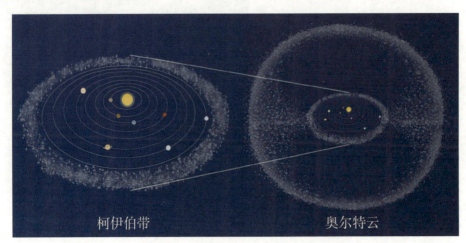

柯伊伯带　　　　　　奥尔特云

柯伊伯带与奥尔特云（来源：ESA）

星尘号：
捕捉彗星物质

星尘号收集回来的信息表明，彗星上含有大量海王星外遥远深空的冰晶，但更多的是尘埃。尘埃其实就是岩石的颗粒，这些岩石矿物看来是在高温下产生的。这就和我们过去的认知有差异。我们认为太阳系内的物质是分层的，岩石这种比较重的物质都集中在靠近太阳的地方。靠近太阳系的地方温度太高，只有熔点高的岩石才能凝固成固体。所以4颗大型岩石行星都在太阳系的内圈。在更遥远的地方，温度会更低。太阳系存在一条雪线，过了这个距离，温度就低到足以让水凝固成固体，也就是冰。再远一点，二氧化碳也会凝结成干冰。随着距离的增加，甲烷也会变成固体。所以，科学家们判断，外太阳系应该是冰雪的世界，彗星包含的物质应该主要是冰雪才对。但是星尘号带回的信息和这个判断并不相符。

比如说，星尘号气凝胶中收集的颗粒包含两种岩石成分。其中一种是球粒物质，这是一种圆球形的岩石颗粒，只有在围绕太阳运动的过程中被高温烧烤到融化，然后快速冷却后，才会形成这种原始球粒结构的陨石。另一种较为罕见的物质被称为钙铝难熔包体（CAI），这是一种不规则的白色颗粒。这种罕见的化学组成只能形成于极高的温度之下。可是外太阳系是冰冷的世界，怎么会有高温呢？所以，科学家们猜想，这些物质都是在太阳系还年轻的时候，诞生于内太阳系，后来才被扔到了边缘地带。换句话说，这些物质都是在太阳系的早期形成的。

但是，科学家们最初开发星尘号探测器，并不是为了找太阳系里诞生的物质，而是想寻找到前太阳系时期产生的物质，也就是那颗超新星爆炸以后到处撒播形成的下一代恒星的材料。在星尘号收集到的物质之中的确是含有微量的前太阳系时期的星尘物质，但是含量太少了。所以说，彗星并不是由其他恒星留下的物质所组成，它们大部分是由太阳附近区域形成的物质组成的。因此，它们提供了行星和卫星们在45亿年前如何形成的重要线索。

在过去的天文学家眼中，我们的太阳系是非常和谐有序的，内太阳系都是岩石行星，火星以外是小行星带。正因为附近有超级大户木星的引力撕扯，所以在这个位置最后形成了小行星带。小行星带以外是巨行星的世界。科学家猜测，木星这样的大块头应该有个雪球组成的内核。那儿比较冷，应该到处都是冰球。冰球互相碰撞，就粘在一起越滚越大。最后达到了十几个地球质量。当质量达到一定界限，这个大雪球就获得了一个本事，那就是吸附比较轻的氢和氦。这是宇宙间最丰富的物质。于是木星开启了"赢家通吃"的模式，仅仅1000年，就从十几个地球质量暴涨到了312个地球质量，成了太阳系最大的行星。土星比木星差一些，没有抢过这个"大师兄"，所以论质量，比木星要小。老三和老四天王星和海王星只能抢到一些"残羹剩饭"，倒是甲烷比例高了一些，因此它们都是蓝色的。

科学家们过去就是这么描述太阳系的形成过程的。似乎太阳系总是根据温度内外分层，成分各有差异，轨道和谐有序。现在看来，太阳系早期根本就不是这么宁静。内圈外圈的物质在频繁地交换，也就是有的天体被甩出去，有的天体掉进来。现在科学家们也开始怀疑：气态巨行星的内核到底是不是个大雪球呢？是不是有可能尘埃占了多数，是个泥球？从星尘号的发现来讲，这个想法是有依据的。如果说大行星是搭建好的建筑物，彗星就是没能用上的"砖头瓦块"和"建筑垃圾"，成分应该是差不多的。

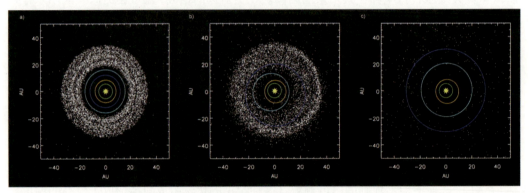

2005 年提出的有关太阳系演化的尼斯模型
a）早期的构型，木星和土星轨道周期在 1∶2 共振之前状况；
b）在海王星（深蓝色）和天王星（浅蓝色）的轨道移动之后，微行星散射到内太阳系；
c）行星将微行星大量弹射后的状况
（来源：CC0 Public Domain）

尽管星尘号带回了丰富的信息，但这对于彗星研究来讲，仍然是管中窥豹。继星尘号之后，2005 年 7 月 4 日，一个名叫深度撞击的探测器向坦普尔 1 号彗星发射了撞击器，撞击器使用小型推进器移动到彗星的行进路线上，并以每小时 3.7 万千米的速度与坦普尔 1 号彗星相撞[1]。撞击产生了相当于 4.7 吨 TNT 炸药的爆炸，在坦普尔 1 号彗星身上，炸出来一个 150 米直径的陨石坑。地上的和太空中的望远镜紧盯着坦普尔 1 号彗星，短时间内就收集了大量的数据和资料。由于星尘号在把返回舱送回地球以后，还剩余不少燃料，于是它被重新定向，飞往哈利特 2 号彗星去开展另一项任务。

我国在太阳系深空探测方面也不甘落后。预计 2024 年，我国将会发射一颗名为"郑和号"的小行星探测器。"郑和号"将会在太空中工作 10 年，造访小行星 HO3 并带回样品。把样品送回地球后，"郑和号"也会飞往更远的太空去探索彗星身上的奥秘[2]。

哲学家总是在问：我们是谁？我们从哪里来？

［1］ https://solarsystem.nasa.gov/missions/deep-impact-epoxi/in-depth/
［2］ https://www.nature.com/articles/d41586-022-00439-2

深度撞击探测器与坦普尔 1 号彗星相撞的艺术图（来源：NASA）

　　或许，这两个问题的答案就藏在那些远离太阳的遥远小天体上，因为它们就是太阳系的活化石。人类永远都不会停止对太阳系起源的探索，因为不断探寻，是我们每一个人深藏在内心之中的本性。

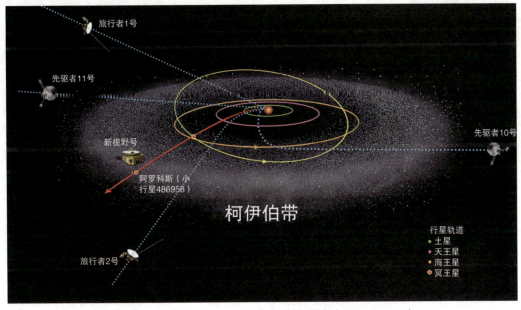

飞得最远的人类飞行器现在的位置（来源：NASA）

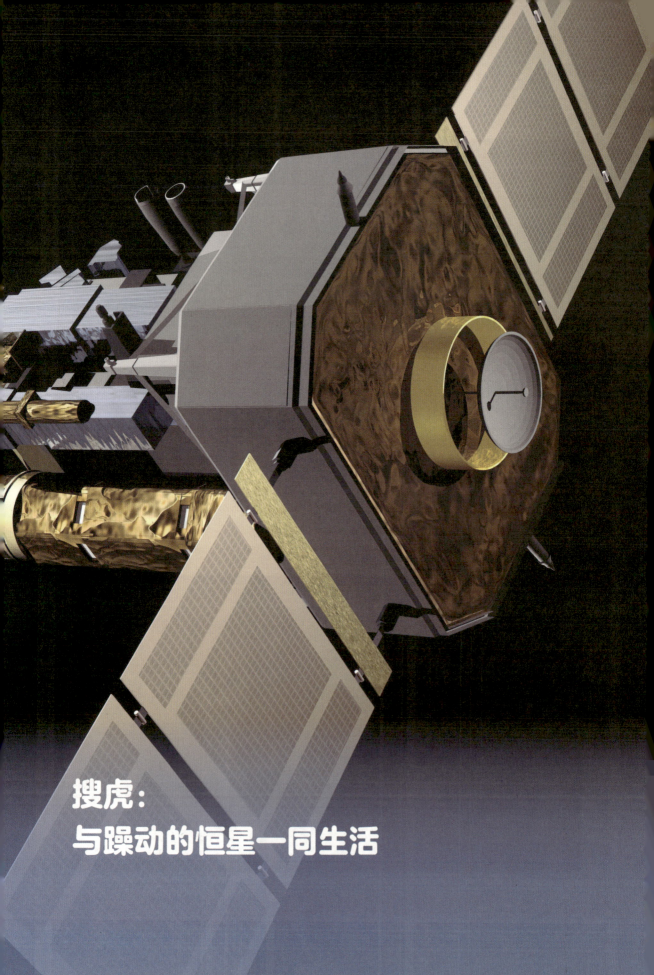

搜虎：
与躁动的恒星一同生活

如果有一个空间天气预报节目，那么气象预报员可能会这样播报："亲爱的地球居民，你们好，今天是 2022 年 3 月 22 日，今天的太阳风风速为每小时 111 万千米，密度为每立方厘米 4 个质子，太阳黑子数为 30，24 小时内 X 射线太阳耀斑最大级别为 C1……"

千万别被超过 100 万千米时速的太阳风所吓到，太阳风的密度是地球上空气的一百亿亿分之一。C1 级别的太阳耀斑也小到可以忽略，不用担心。M 级以上的耀斑，才会造成无线电通信中断；如果耀斑等级达到 X 级，那就要小心了，因为这可能造成整个地球的断电和持续一周的辐射暴。

太阳风暴击中火星的艺术假想图（来源：NASA）

虽然身边没有气象预报员告诉你这些，但这样的空间天气预报是真实存在的。如果你登录空间天气网站（Spaceweather.com），在网站的首页上就能查看到这些信息。在美国国家海洋及大气管理局（NOAA）的网站上，这些数据甚至每 10 分钟就会刷新一次。

你可能会有点不理解：太阳风、太阳耀斑和远在一亿五千万千米外的地球有什么关系呢？每 10 分钟就刷新一次，这真的有必要吗？当然有必要，这就是我们今天要讲的故事。

事实上，在天文望远镜发明之前，人类一直对太阳了解很少，在长达两千多年的时间里，没有人发现太阳黑子的存在。直到 1610 年，伽利略首次观察到了太阳黑子。在他眼里，那就是太阳上面出现的几颗黑点，像美女脸上的雀斑，但这些"雀斑"不是一动不动的，而是会随着太阳转动。

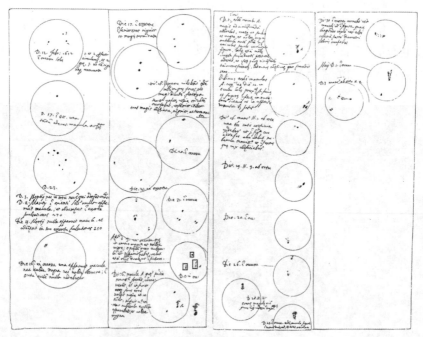

伽利略 1612 年 2 月 12 日至 5 月 3 日记录的太阳黑子观测图。

红色部分对应的是 1612 年 4 月 5 日

（来源：《重新审视伽利略 – 谢纳争议中的太阳黑子群数量》）

那个时候，大家觉得太阳黑子跟地球没什么关系。但后来的科学家们发现，在 17 世纪很长的一段时间里，太阳黑子数下降到了几乎为零，也是在这一时期，欧洲进入了一个可怕的冰冻期，荷兰人甚至都可以在夏天到运河上滑冰。这段太阳黑子数极小的时期被称为"蒙德极小期"。这是人类第一次开始意识到：哦，原来太阳活动可能会影响地球天气。当然，这个蒙德极小期是否真的与太阳黑子有关，现在也仅是一个科学猜想，并没有过硬的证据。

到了 1859 年，另一个重要事件发生了。当时，两位科学家观测到了太阳上出现了白光耀斑，紧接着 2 天后，地球就遭遇了一场几乎是千年一遇的太阳磁暴。这个极端事件让极光不再是身处南北两极才能看到的自然奇观，生活在墨西哥、夏威夷等靠近赤道的低纬度地区的居民都首次目睹了绚丽的极光。

南澳大利亚卡潘达地区当时遭遇的极光（来源：科学声音）

英国科学家卡林顿记录到的1859年太阳耀斑爆发（来源：科学声音）

在太阳磁暴的影响下，全世界的电报系统都受到了干扰。磁暴在电报线路中产生了强大的感应电流，即使关闭电源后，发报机依然可以工作。电报接线员还记录说，即使关闭电源，线路上的电流还是太强了。他们说他们遭到了来自仪器的电火花袭击。

电报接线员遭遇电火花（来源：科学声音）

　　那么，这场磁暴真的是太阳耀斑引起的吗？ 40 年后，乔治·埃勒里·海耳（George Ellery Hale，1868—1938）在加州的威尔逊山上建造了第一台详细研究太阳耀斑的仪器，确认了耀斑和地球磁暴之间存在 2 天的延迟关系——真凶似乎找到了。

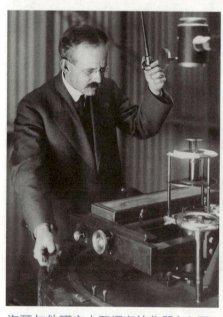

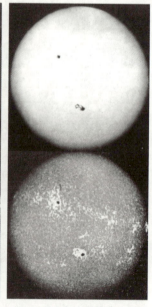

　　在那之后，越来越多的人开始研究太阳活动与地球天气间的关系，尤其是太阳黑子对地球温度的影响：为什么在太阳黑子少的蒙德极小期，全球气温会降低呢？他们发现，可能是由于太阳黑子周围要比太阳表面的其他地方亮，所以一旦黑子少了，太阳就会暗一些。但在 20 世纪 70 年代，科学家们通过数字探测器发现，太阳的亮度在一个活动周期

海耳与他研究太阳耀斑的仪器（左图，来源：美国加州理工学院）
威尔逊山天文台 1906 年拍摄的太阳黑子的光谱照（右图，来源：NASA）

里的变化幅度仅为千分之一。这么小的亮度变化，怎么会导致地球上显著的温度变化呢？而且，除了蒙德极小期，也没有更多的证据表明太阳黑子会影响地球温度，尤其是全球温度在过去半个世纪里的上升，更无法用它来解释了。

为了解决太阳活动的谜团，本章故事的主角——SOHO登场了。SOHO（Solar and Heliospheric Observatory）是"太阳及日球层空间望远镜"的首字母缩写。

SOHO计划首先是欧空局提出的，共有14个国家超过300名工程师参与了设计与建造，美国宇航局负责发射和地面操控。它非常好地证明了国际合作的力量。

1995年12月2日，SOHO搭乘阿特拉斯火箭在佛罗里达的卡纳维拉尔角成功发射。它的大小和复杂性都与卡西尼号不相上下，在SOIIO的可用空间里挤满了12台仪器，可以用来进行从磁场到X射

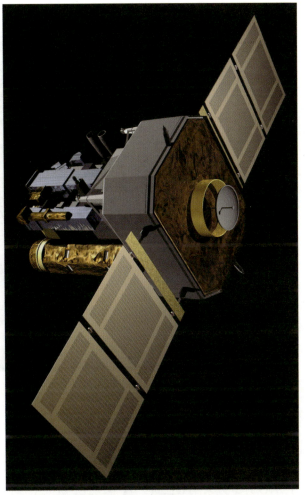

太阳及日球层空间望远镜（SOHO）
（来源：NASA）

线的各种测量，就像一把多功能的瑞士军刀。有些仪器的名字挺吓人的，比如德国基尔大学建造的"超热和高能粒子综合分析器"，实际上就是对高能X射线、紫外辐射及宇宙线的位置、强度和光谱进行测量的仪器。

特别值得一提的是SOHO的位置[1]，简直就是观测太阳活动最好的VIP座席。SOHO一边与地球步调一致地绕太阳运转，一边绕着"地－日第一拉格朗日点"这个特殊的空间点缓慢绕转。其他太空任务也都希望能使用这个点位，它对于观测太阳而言是最有利、最不可替代的，因为这个轨道位置可以保证探测器不会被地球或月球遮挡，这

---

[1] https://soho.nascom.nasa.gov/about/orbit.html

就是 SOHO 的巢穴，让其他卫星羡慕不已。

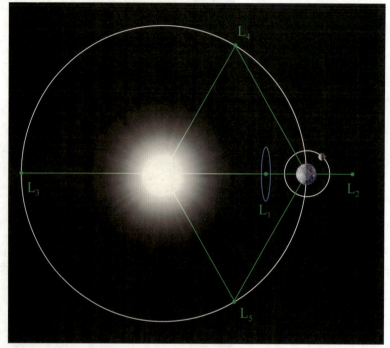

SOHO 与拉格朗日点（来源：NASA）

发射 3 年后，SOHO 遭遇了一次重大挫折[1]。1998 年 6 月 24 日晚上，美国宇航局位于马里兰的戈达德航天中心的项目控制人员写下记录：SOHO 进入了紧急姿态控制模式。简单来说，就是陀螺仪和推进器调整望远镜的姿态，让它重新对准太阳。这是 SOHO 升空以来第 6 次进入这种模式，所以工作人员也并没有把它放在心上。但是，几小时后，SOHO 的情况越来越糟——它先是因为陀螺仪故障导致姿态失控，随后，姿态失控导致太阳能电池板无法供电，电力不足进而导致温度控制系统和通信线路停止工作。研发投入过亿美元[2][3]的硬件设施随时可能变成一堆废铁，此时的 SOHO 命悬一线。

控制室里弥漫起紧张的气氛，NASA 和欧空局紧急召开了一次专家诊断会议，专家判断出，飞船仍然按设计模式在工作，目前出现的所有错误都是人为的：操作人员错误地解除了 SOHO 的安全模式，对两个陀螺仪的状态作出了错误的判断。正是这个小失

［1］https://umbra.nascom.nasa.gov/soho/SOHO_final_report.html

［2］https://www.nature.com/articles/27726

［3］https://www.hq.nasa.gov/office/codeb/budget/LIFCY982.htm

误，让可怜的 SOHO 失控了。

失控的结果是可怕的。因为此时 SOHO 的太阳能板正好是边缘朝向太阳，无法供电，再这样下去，它的温度会从 100 摄氏度降到零下，渐渐进入冰冻状态，对电池和燃料都可能会有不可逆的损伤。

由于 SOHO 处于失联状态，地面控制室的工程师们此刻能做的事情，只有等待。他们抱着一丝渺茫的希望，给 SOHO 发送信息，但一直没有回音。终于，在 SOHO 失联一个月后，转机来了。阿雷西博巨大的 305 米射电天线又试探着向 SOHO 发了一个信号，SOHO 居然给出了微弱的回应——它正以每分钟一圈的常规速率自旋，它还活着！这简直是一个奇迹。

接下来的两个月，工程师们忙着给失而复得的 SOHO 暖化电池和补给燃料，他们无比欣慰地发现：没有一个科学仪器在温度从 100 摄氏度降到零下 120 摄氏度的过程中遭受损坏，甚至有些仪器在骤冷后性能还比以前好了。

经历这次风波后，SOHO 似乎更耐用了。它的预期寿命本来只有两年，但被数次延期，直到现在它依然活跃在太阳周围，像一个孤独的"哨兵"，持续诊断着太阳的脉搏。

SOHO 最重要的探测方法是"日震学"，也就是检测声波在穿越太阳时发出的"嗡嗡"声。通过这种声学探测，科学家们可以比较深入地了解太阳的内部结构、能量产生机制，也可以对其表面的扰动现象作出预测。SOHO 的科学仪器每天都能传回相当于两张 CD 的数据。对这些数据的分析使我们得到了许多令人振奋的太阳新知。那么，SOHO 的科学成果到底有哪些呢？

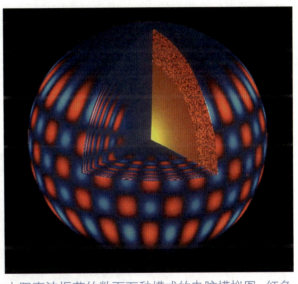

太阳声波振荡的数百万种模式的电脑模拟图：红色表示远离，蓝色表示向我们而来（来源：NSO）

首先，根据 SOHO 传回的高质量数据，人们第一次推导出了太阳的三维图像。科学家们使用了一些惊人的全息成像技术重建了太阳深处的特征，所有这些图像每天都可以在网络上查到。之前我们一直不清楚，太阳黑子究竟有多深，它们又为何能维持长达数周的时间。SOHO 给出了这样的答案：太阳黑子不是仅发生在浅层的表观现象，实际上，它的整个结构深深地扎根在下方等离子汇聚且强力流动的地方。

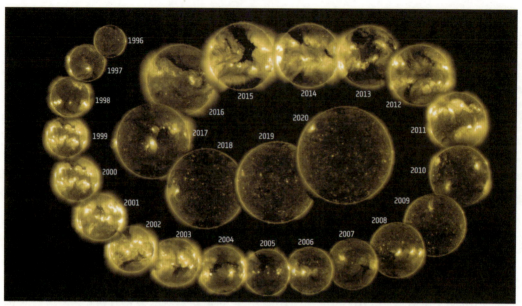

SOHO 从 1996—2020 年给太阳拍的图像（来源：NASA）

　　如果说三维图像的出现，就像给太阳拍了一张 X 光片，那么下面的发现就像是给太阳量体温、测血压。SOHO 提供了关于太阳内部温度、自转及气体流动等的最佳测量数据，还揭示了一些太阳活动的新类型，例如日冕中的波动和太阳表面的旋风等。

　　而最重要的发现就是，SOHO 已经十分清楚地表明：太阳耀斑，也就是太阳物质、电磁辐射及高能粒子的突然爆发，可以带来难以想象的巨大灾难。这种"空间天气"的变化，会对地球产生巨大的影响。

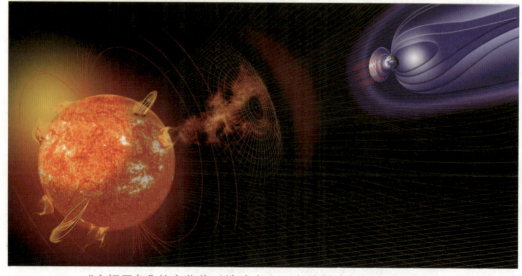

"空间天气"的变化将对地球产生巨大的影响（来源：NASA）

你想象过这样的场景吗？夏天可以变成冬天，绿色的沃土可以变成厚厚的冰层。空间物理学家马克·莫尔德温（Mark Moldwin[1]）指出，在公元 900 年至 1250 年的 350 年间，太阳活动性的增强导致地球出现了温暖期。那时，北大西洋比现在温暖得多，北欧人在格陵兰岛建立了家园，并给它取了"格陵兰岛"这个美丽的名字，在英文里是"绿色土地"的意思。而现在，这里覆盖着地球上最大的冰层，这真的是沧桑巨变。

你可能觉得，地球温暖期、冰冻期的变化周期很长，有生之年几乎碰不到这种极端的气候变化事件。那么，如果是断电、断网，是不是就离我们非常近了呢？

要知道，面对太阳风暴产生的电力过载，电网系统是十分脆弱的。空间天气导致的强烈电磁场变化会引发电路中剧烈的电流变化，破坏电力中继线，产生大范围的断电。

而对于卫星来说，也好不到哪儿去。用约翰·弗里曼（John W. Freeman）的话来说，"太阳风暴就像是一道闪电击中了卫星表面，整个卫星被笼罩在一团炽热的电子云中，来自地面的指令相对而言就是小到了如同幻影一般。"想象一下，如果没有了 GPS 系统，没有了天气卫星，我们的日常生活会受到多大影响。

1859 年的太阳风暴是有史以来最强的一次，所幸那个时候电力技术才刚刚起步，影响不大。1921 年的那一次风暴稍弱一些，但引起了足够强的地面电流，导致纽约地铁系统中断。在 1989 年的太阳风暴之后，电网的部分缺失导致了连锁反应，结果造成半个美国超过 1.3 亿人的用电中断。卫星的情况也很糟，斯滕·奥登瓦尔德（Sten Odenwald）报告说，"极地轨道上的卫星在颠簸中失控了好几个小时"，其他卫星也几乎"上下倒了个个儿"。到了 2001 年，地球轨道上的卫星总价值已经高达约 1 000 亿美元，一次太阳风暴就可能造成数十亿美元的在轨硬件遭受破坏。

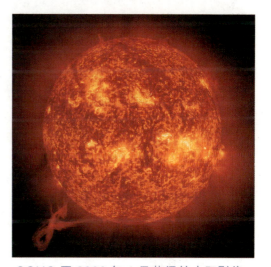

SOHO 于 2000 年 1 月获得的太阳影像，巨大的日珥正逃出太阳表面；如果这一事件正好指向地球，通信和电网都将受到影响（来源：NASA）

总之，我们已经达成了一种共识：极端空间天气也是一种自然灾害，虽然罕见但影响深远，就像剧烈的地震和海啸一样。它很可能在未来的几十年里会不止一次地出现，对国家电网、卫星造成破坏。

[1] https://space.engin.umich.edu/

于是，空间天气预报也就应运而生了，SOHO 就是前线"气象员"之一。SOHO 不能防止自然灾难，但是它可以提前两到三天对这种指向地球的扰动给出警告。当我们可以越来越精确地预测太阳风暴时，就有可能提前把卫星调到保护模式，切断或限制电力的使用，对海上航行的货运船只给出警示等，这些措施不仅可以保护生命安全，也能让我们脆弱的电力系统和全球网络系统免受伤害。了解了这些，你是不是觉得 10 分钟一次的空间天气预报确实是有必要的呢？

2010 年，美国宇航局发射了太阳动力学天文台[1]SDO。它延续了前辈 SOHO 的工作，以更高的精度探测太阳的内部。作为美国宇航局"与恒星共生"的计划之一，SDO 正就可能横扫我们这一脆弱家园的电磁风暴作出第一手的预警，并且以比 SOHO 快一千倍的速度向地球传递数据。

太阳动力学天文台 SDO 的艺术图（来源：NASA）

通过 SOHO 和其他卫星的努力，我们已经认识到，在不可见波段，太阳的行为就像拜占庭帝国一样辉煌，科学家们还未能完全了解这颗看起来简单的中等年龄、中等质量的恒星。但已经明确的是，太阳和由它产生的空间天气可能决定着我们这一物种，以及地球上所有生命的未来命运，甚至是地球自身的命运。数十亿年来，太阳就像我们的庇护神，它的光芒飞跃一亿多千米滋养万物。

现在，人类已经站到了认识太阳的新起点上，有关太阳更多更深的谜团正在等待未来的科学家去解答，你或许也会成为他们中的一员。

---

[1] https://www.nasa.gov/mission_pages/sdo/launch/index.html

依巴谷：
测绘银河系

公元前 129 年，古希腊天文学家依巴谷看着刚刚完成的作品，双手颤抖，内心更是激动不已——多年苦心观测的成果，都汇聚在这张小小的图表上了。作为那个时代最精确的天文观测者，依巴谷对于星空的看法，与其他天文学家都不一样。当时，大多数天文学家都认为天上的星星的相对位置是固定不动的，然而依巴谷坚信：天上的星星都在做着相对运动。为了观测，他度过了无数个不眠之夜，现在终于完成了这幅"星空地图"——一份拥有 850 颗恒星的星表。这也是现存最古老的星表。

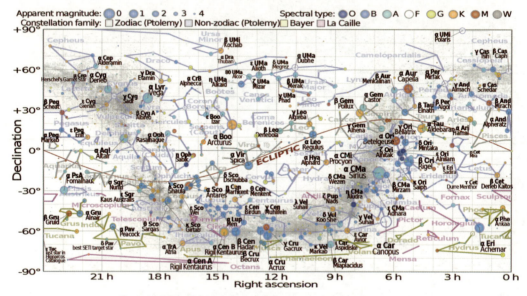

依巴谷星表等矩形图（来源：CC0 Public Domain）

你可能觉得恒星位置星表没什么了不起的，不就是一张星星的地图吗？又有什么用呢？古人可能会用星星来预测天气、辨别方向，但对于现代人来说，星星位置的变化毫无用处，想预测天气，查天气预报就行了。如果你真这么想，那就大大小看了星空的力量。我们头顶星星数量的多少、距离的远近，其实是一组意味深长的密码。在这些复杂信息的背后潜藏着关于宇宙的奥秘，它能提供给我们的帮助远远超出你的想象……

千百年来，人类对星空的观测从未停止。在公元前 3 世纪，亚历山大城的提莫恰里斯和阿里斯蒂勒斯编制了西方世界的第一份星表。大约一个世纪之后，天文学家依巴谷不仅改良了星表，还把恒星根据亮度分了类。天文学家们至今仍在使用的星等系统，就是以此为基础建立起来的。再后来，托勒密把这个星表中星星的数量拓展到了 1 022 颗。

到了 20 世纪，照相底片的发明让人类终于摆脱了肉眼的限制，让恒星位置的测量变得容易起来。观测工具的日益进步，让欧洲和美国的研究人员有了底气，雄心勃勃地

准备开展描绘银河系的计划。不过，很快，天文学家们就遇到了一个几乎无法克服的困难。

　　或许你已经猜到了，阻止天文学家们精确给恒星定位的，正是厚厚的地球大气。地球大气的好处是拦住了强烈的太阳辐射，维持了地表适宜的温度，但同时它的缺点就是阻挡了人类的视野。在厚实的大气下观测恒星，就像隔着滤镜观察，所有的星星都变得模糊而且闪烁。天文学家们一直想要克服讨厌的大气扰动的影响，幸运的是，现代航天业的发展为他们提供了一个完美的解决方案——直接用火箭把望远镜架到太空中去！

　　而我们今天的主角就是这样一架"巡天神器"，高精度视差测量卫星——依巴谷。没错，它是以古希腊天文学家依巴谷的名字命名的。它的任务说起来很简单，就是以极高的精度测

测试中的依巴谷卫星（来源：ESA）

工作人员在安装依巴谷卫星的主镜（来源：ESA）

量恒星的位置和距离。依巴谷卫星主望远镜的个头儿不大，口径仅有29厘米，焦距是1.4米，很多天文爱好者的望远镜都比它大多了。

相比于去遥远的其他行星巡航、着陆，发射一颗绕地飞行卫星的难度并不大，但小小的依巴谷也经历了一个惊险时刻，差点折戟沉沙。

1989年8月8日，依巴谷卫星在法国由阿丽亚娜4型火箭顺利发射升空。但是，在这个看似完美的开端之后，卫星很快就遭遇了灾难性的事故[1]。当卫星被送到椭圆形的同步转移轨道后，负责把卫星推上同步轨道的最后一个引擎没能点火成功。

在三次尝试启动引擎都失败后，负责本项目的欧空局终于接受了现实。当务之急是在现有条件下，让依巴谷卫星运行起来，否则2 000名技术人员和200名科学家9年的努力将会付诸东流。

于是，依巴谷卫星开始在一个形状高度接近椭圆的轨道上工作。它的远地点距离地球有36 000千米，但近地点只有200千米。欧空局的地面站只有40%的时间能联系上卫星。不过幸运的是，依巴谷卫星上所有的仪器都能正常工作，科学家们也顶住了压力，及时采取了有效的应对策略，延长了它的使用寿命，让依巴谷"大难不死"。最终，依巴谷顽强地在太空中工作了三年半，一直持续到1993年3月。

依巴谷测量恒星距离的工作原理是一种非常基本的测量方法，也就是测量恒星视差。"恒星视差"的意思，就是地球在大约6个月的时间里，从绕日轨道的一边运动到另一边时，我们从地球观察天体，恒星会出现一个微小的位移，这个位移的夹角，就是恒星视差。你可以在脑海里想象一下，有了这个角度之后，就可以在太空中画一个极窄的三角形。这个极窄的三角形，其中一条边是地球公转轨道的直径，像一个尖锐的锥子一样长长地延伸出去，角度越小，三角形就越窄，长边的长度甚至能达到短边长度的数十万倍。然后我们就可以利用三角函数来计算长边的长度，这就相当于恒星到地球的距离。

［1］https://www.newscientist.com/article/mg12316780-600-europes-satellite-looks-doomed-as-power-fails/

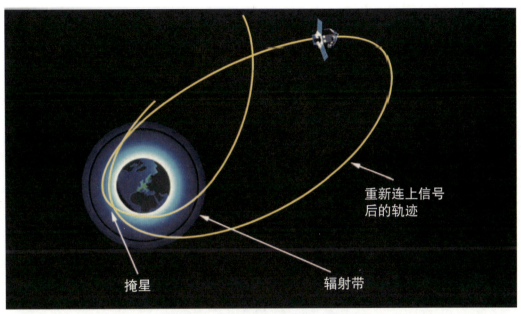

重新连上信号
后的轨迹

掩星

辐射带

依巴谷卫星的轨迹（来源：ESA）

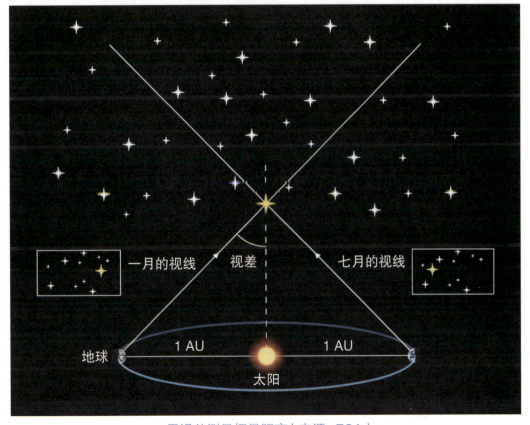

一月的视线

视差

七月的视线

地球

1 AU

1 AU

太阳

用视差测量恒星距离（来源：ESA）

现在你应该明白了：依巴谷工作的关键，就是测量出一个个的恒星视差。角度越精准，得出的距离也就越准确。依巴谷卫星主望远镜的观测精度是 0.002 角秒。0.002 角秒算是什么精度呢？这么说吧，这个精度，要比我们从地球上透过大气看恒星的精度提高了 500 倍。依巴谷卫星用两个视场，或者说是两只眼睛，来扫描天空中的一个大圆，每次扫描两个小时，然后隔 20 分钟再扫描一次。最后综合对恒星 100 多次的观测，就可以得到非常小的角度误差。严谨、精确——就是依巴谷的关键词。

下面我要给你讲依巴谷的科学贡献了。在故事开始之前，你首先需要明白：恒星位置测量是最乏味的工作，但同时是最基础的工作，它的重要性比你想象的大得多。关键原因在于，"位置"是测量天体的各种物理性质的关键要素，是确定恒星距离的基础。如果用多米诺骨牌来比喻，那么，这就是站在起点的第一块骨牌，是测定任何行星、恒星和星系的大小、质量和亮度的基础。没有位置和距离的信息，我们就只能看到天空中的星星闪闪烁烁的表象。恒星的视亮度与恒星到我们的距离有关，就是说，一颗非常遥远的恒星，哪怕它实际上很亮，但看起来也会很暗，反之亦然。只有测出它们的具体位置，才能还原真相。这是我们破解星空谜团的第一把钥匙。

在 3 年的工作中，依巴谷收集了大量数据：

依巴谷的主望远镜，以之前说的 0.002 角秒的精度扫描恒星的位置。科学家们根据这些数据，绘制了精度最高的依巴谷星表，共包括 118 218 颗恒星。

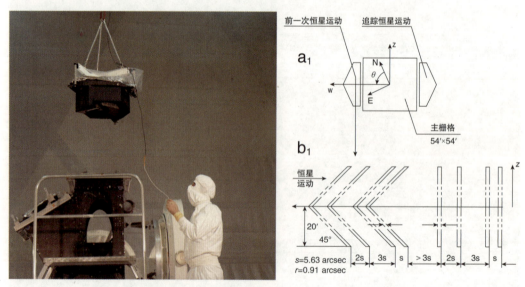

工作人员在安装光束分配器（左图，来源：ESA）
依巴谷焦平面上的光束分配器工作原理图（右图，来源：《第谷 2 星表的建立和验证》）

依巴谷：
测绘银河系

除了主望远镜之外，依巴谷还用一个光束分配器分出一束光，以 0.03 角秒的精度扫描天空，这个精度是主望远镜的精度 15 分之一，但最终描绘的恒星数量更多，共有 1 058 332 颗，达到了百万级别，这个星表被称为"第谷星表[1]"。而在 2000 年，也就是依巴谷停止工作 7 年后，科学家改良出了"第谷 2 星表[2]"，把恒星数量提升了一倍，在这个星表上包含了惊人的 2 539 913 颗恒星。其中，包含了天空中暗至 11 等的 99% 的恒星。而所谓"暗至 11 等"的恒星，意味着是夜空中很亮的天狼星亮度的 10 万分之一。

除了恒星数量，依巴谷卫星也将恒星距离的测量精度提升了一个量级。以前，人类能确定距离精度在 5% 范围内的恒星数量仅有一百多个，在依巴谷的帮助之下，扩展到了七千多个。而这个精度的测量范围，已经可以远到距离太阳 500 光年的地方。虽然相比银河系来说，这个距离并不远，但这个小小的区域，已经大到几乎可以包含各种类型的恒星。

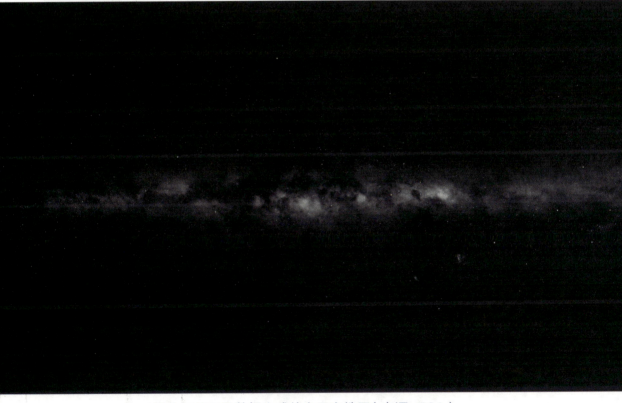

用依巴谷卫星数据生成的全天空地图（来源：ESA）

---

[1] https://www.cosmos.esa.int/web/hipparcos/catalogues
[2] https://www.cosmos.esa.int/web/hipparcos/tycho-2

除此之外，依巴谷还让我们知道了，银河系并不是一个完美的旋涡星系，而是一种棒旋星系。星系主要分为三类：椭圆星系、螺旋星系和不规则星系。螺旋星系又可以分为两类：一类是旋涡星系，另一类是棒旋星系。宇宙中大约三分之二的螺旋星系是棒旋星系，我们的银河系就是其中之一。顾名思义，棒旋星系的核心常常是一个大质量的快速旋转体，像一根短棒的形状，在棒的两边有旋形的臂向外

银河系（来源：NASA）

伸展。并且银河系并不是扁平的"一张饼"，它在边缘是有弯曲的——一端向上翘，另一端向下弯，是一个弧度很小很小的"S"形，离中心越远，弯曲的程度越明显。

现在，你对依巴谷建立起一个初步的印象了吗？依巴谷本质上就是一台小望远镜，靠着一些简单的观测程序，得到了关于恒星的基础数据。你可能会觉得依巴谷的工作不

图中的光带是从我们居住的旋涡星系的盘状区域看到的景象（来源：NPS/Dan Duriscoe）

算太重要，与"旅行者号""卡西尼号"这样的明星探测器不好比。如果这么想，你可就太低估依巴谷，也太低估天体测量这项工作的重要性了。

事实上，这一项看似简单、枯燥的基础性工作，可以惠及从行星到宇宙学的各个天体物理学分支领域。如果把现代天文学比作一座金字塔，那么天体测量就是最下面一层的基石，所有的理论都要始于这一学科的劳动成果。它的应用范围之广，绝对超出你的想象。

比如，对于搜寻系外类地行星，依巴谷可以帮助人类缩小范围，它是天文学家们寻找可能的地外生命栖息地的有力工具。到目前为止，虽然大量的恒星仍不在我们的掌握之中，但已经有数百个相对较近的恒星确定拥有行星，而依巴谷卫星则为它们测定了最基本的距离数据。这些充满希望的可能宜居的世界，分布范围从几光年到几百光年。对于整个银河系来说，科学家估计可能会有80亿个类地宜居世界，其中每一个都可能拥有生命。

再如，依巴谷的工作可以用于星系考古学。所谓"银河系考古"，就是通过现在的数据，回溯很久之前的历史。依巴谷提供了恒星运动的精确数据，让天文学家可以像魔法师一样将时间回转，追溯过去5亿年的时间里，太阳如何围绕银心运动，并且在星系盘上下穿行。有学者从依巴谷的数据中发现，在过去的5亿年，太阳共有4次穿过了旋臂，而每一次穿过，几乎都对应着地球气候史上的一段极寒冷时期。这个发现就很有意思了。有科学家猜测，可能是因为旋臂中较高强度的宇宙射线，导致地球出现了较厚的云层和较长的冰期。

甚至，依巴谷数据还提供了对广义相对论的漂亮验证。爱因斯坦的理论指出质量会导致光线弯曲，这个理论在1919年第一次得到了验证，当时观测到了日全食时太阳边缘附近的星光偏折现象。离太阳越远，这个偏折程度就会越小，越不容易被检测到。而依巴谷检测到了这一极其微小的角度。

现在，测量恒星位置与距离的基础工作仍在继续。2013年末，欧空局发射了新一代天体测量太空任务——盖亚，大大扩展了依巴谷卫星的工作。盖亚对恒星巡视的范围更广，精度也更高，观测了银河系中十亿颗恒星的位置、距离、亮度和运动情况。

我们这个世界上，大约有一半的人口居住在城市里。灯光污染的泛滥让超过一半的人失去了直接了解夜空的机会。然而，像依巴谷和盖亚这样的科学任务却可以帮助我们恢复与星星的联系，让它们成为我们的"双眼"，告诉我们银河系的过去和未来，向我们展示在浩瀚的银河系中，地球究竟处于什么位置。关于银河系的故事还在继续，我们依旧在孜孜不倦地探知它的解锁密码……

盖亚卫星（来源：ESA）

从依巴谷到"依巴谷"（来源：ESA）

斯必泽:
揭开冷宇宙的面纱

2003 年 10 月 4 日，是斯必泽空间望远镜离开地球的第 40 天。在漆黑的宇宙中，这个长达 4 米的望远镜，就像一个哑火的炮筒，披着银黑色的斗篷，孤独而冰冷地前行。它的"冰冷"是名副其实的——在这 40 天里，它严格地执行着降温任务，终于在今天降到了零下 268 摄氏度。这么低的温度下，甚至原子和分子几乎都不再有什么运动。而它将一直小心翼翼地保持这种变态的"冷酷"，直到生命的终结……

斯必泽空间望远镜（来源：NASA）

与其他空间望远镜相比，斯必泽无疑是特殊的。为什么它会需要如此的低温环境呢，它的任务又是什么呢？想要弄明白这个问题，你需要了解一些关于太空的知识。

你可能早就知道，太空不是绝对的真空。20 世纪 30 年代，美国天文学家罗伯特·特朗普勒（Robert Trumpler，1886—1956）证明了太空中弥漫着极其稀薄的气体和尘埃——星际介质，它们广泛地弥漫在恒星和恒星之间。遥远的星光受到星际介质的吸收、散射而减弱，在穿越它们的过程中会产生红化现象，红化的意思就是星光的颜色会偏向光谱红端。如何看穿星际尘埃、深入探究诞生恒星的巨大云团，就成了困扰人类多年的难题。

破解这个难题的关键是电磁波。在我们生活的物质世界中充满了各式各样的电磁

星际云（来源：NASA）

波，波长的变化范围可以达到万亿倍，按照波长可分为射电波、微波、红外线、可见光、紫外线、X 射线和 γ 射线等。可惜的是，人类的眼睛只能看见其中的一小部分，也就是可见光。举个例子，如果把所有的电磁波比喻成一个 88 键的钢琴键盘，那么人类的眼睛相当于只能用可怜的两个琴键。

很多电磁波已经深深融入人们的生活中，你肯定特别熟悉，比如：无线电波让广播能放出音乐、播放新闻；微波让手机能打电话；紫外线能晒伤你，也能让你的身体产生维生素 D；X 射线在医院中大展神威，每天都有很多病人排队拍摄 X 光片……

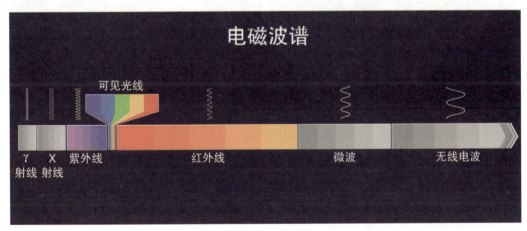

电磁波谱（来源：NASA）

而解决观测恒星云团难题的，正是电磁波家族中的红外波段。可能你对红外线的印象还停留在遥控器、红外线理疗仪等，其实它的功能远超你的想象。这是因为，任何能够发热的物体以及太空中任何寒冷的物体，比如行星、卫星、小行星，甚至是直径仅有 1/10 000 到 1/100 毫米的碳微粒，都会发出红外辐射。对天体进行红外观测，就能发现一个完全不同的世界。如果你对比一下猎户座星云的光学图像和红外图像，就会发现两张图有巨大的不同——在光学图像上，明亮的星云中有一个黑暗的区域，看起来几乎没有任何恒星；但是在能够穿透尘埃的红外图像上，你能看到在这个黑暗区域中存在一个致密的星团，这是即使用最强大的光学望远镜也无法看见的。

猎户座星云的光学图像（左图）和红外图像（右图）对比（来源：NASA）

本章故事的主角，就是在红外波段进行观测的斯必泽空间望远镜。它从"出生"开始，就被设计为专门用于红外天文学研究，它可以穿透大多数新生恒星所包裹的尘埃云层，灵敏地检测到数十亿光年之外恒星和星系的红外信号，像打开了一个新的感官调色板，用全新的视角揭示这个寒冷而不可见的宇宙。

事实上，斯必泽项目早在 1970 年就已经提出了，但之后一直进展得不顺利，遭遇了挑战者号航天飞机失事后的延期、差点被取消、国会僵持、预算缩减等闹心事儿。直到 30 多年后，共耗费 8 亿美元的斯必泽项目才正式启动。之所以叫这个名字，是为了纪念轨道望远镜的早期倡议者莱曼·斯必泽（Lyman Spitzer, 1914—1997）。

2003 年 8 月 25 日，斯必泽空间望远镜在美国佛罗里达州的卡纳维拉尔角，由德尔塔

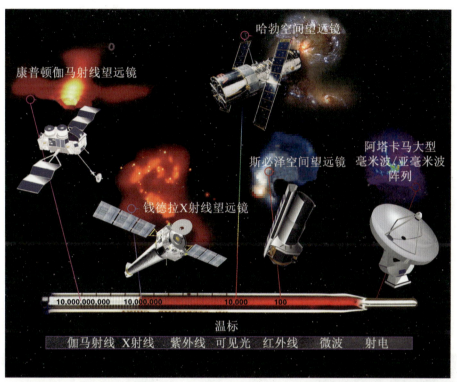

NASA 的大天文台计划都耗资数十亿美元，斯必泽项目是其中之一（来源：NASA）

Ⅱ型火箭发射升空。斯必泽总体高 4.5 米，直径 2.1
米[1]，质量和一辆小货车差不多。在望远镜的身后，
有一个像披风一样的长遮罩，遮罩的一边面向太阳，
用来收集太阳能以及保护望远镜避开辐射，而另一边
则背向太阳，有一块黑色的防护板将热量散往太空。

40 天后，斯必泽空间望远镜来到了预定轨道，
并把它的操作温度降低到了难以置信的零下 268 摄
氏度。对于普通的空间望远镜来说，这个温度太低
了，完全没有必要，但对于斯必泽来说，低温是至关
重要的。这是因为，作为一台红外线望远镜，斯必泽
自身会释放红外线，这对于太空中其他星体的红外
线来说，是一种致命的干扰和污染。只有温度降得

莱曼·斯必泽（来源：ESA）

足够低，才能排除掉这种污染。为了观测结果的准确，斯必泽也不得不"冷酷到底"了。

---

[1] https://directory.eoportal.org/web/eoportal/satellite-missions/s/spitzer

维持这种低温并不容易，斯必泽空间望远镜的秘密武器就是液氦。把液氦释放到太空真空中，就可以有效地降低温度，这个原理就像液体蒸发会让你的皮肤冷却一样。为此，斯必泽特意带了能保存 350 升液氦的恒温器，跟一辆大货车的汽油箱差不多大。斯必泽需要每天消耗 30 毫升的液氦来保持低温，这差不多就是 3 个可乐瓶盖那么多的量。斯必泽必须在液氦被全部用完之前，争分夺秒地工作。

相对于地球表面的红外线望远镜，斯必泽空间望远镜的背景辐射减小为一百万分之一。在这么好的工作环境下，斯必泽不辱使命，在宇宙、星系和恒星三个不同的尺度上，获得了许多令人惊叹的重大成果。

从宇宙尺度上来说，斯必泽空间望远镜可以揭开宇宙中早期恒星形成的面纱。要知道，大爆炸之后的 30 亿年间是一个恒星大量形成、星系构建的火热阶段，斯必泽有两个独特的优势来还原这段激动人心的历史。第一个优势与空间膨胀引起的红移有关。当远在 130 亿光年之外的星光到达我们身边的时候，波长都已向红外方向拉长了。第二个优势是，恒星形成时的星光都被早期宇宙的尘埃所包裹和吸收，再辐射出来时，也是处于红外波段，这正是斯必泽望远镜的工作波段。有了红外线的"加持"，斯必泽空间望远

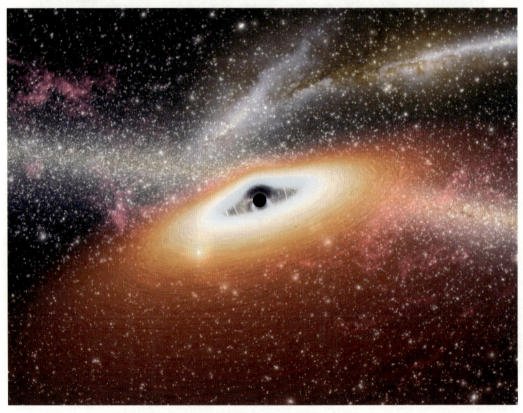

斯必泽空间望远镜发现的超大黑洞（来源：NASA）

镜成为测量整个宇宙中恒星形成历史的最可靠手段之一。

还有一项很让人兴奋的工作，能够探究天体界"元老们"的初生故事——揭示在宇宙的"黑暗时代"结束的时候，在引力作用下产生的第一代天体。所有的"初代故事"都能激起人类的好奇。科学家们仔细研究斯必泽发回的红外影像，去掉关于前景恒星和邻近星际的部分，只留下最古老的弥散辐射，然后分析这些古老辐射的涨落情况。天体物理学家亚历山大·卡什林斯基（Alexander Kashlinsky）把这个过程形容得非常生动："想象一下，你尝试在晚上去观看一个人口密集城市上空的焰火，如果能熄灭城市灯光，你就能看到那个焰火。我们确实关闭了城市的灯光，从而看到了原初焰火的轮廓。"

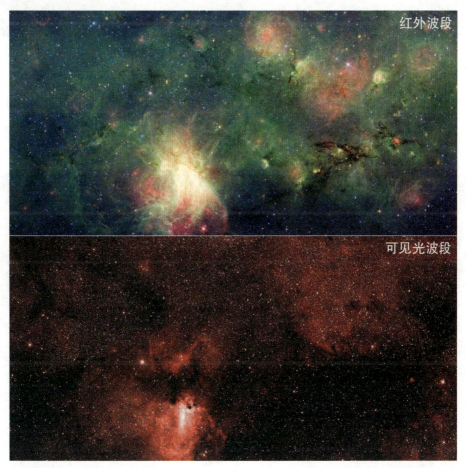

斯必泽空间望远镜拍摄的图像显示了 ω 星云（M17）的恒星形成景象（来源：NASA）

从星系尺度上来说，斯必泽空间望远镜进行了一项听起来霸气十足的巡天计划——GLIMPSE，英文缩写的全称是"银河系遗珍红外银盘巡天"。与以往其他设备的"巡天"

斯必泽空间望远镜证实了遥远的太阳系中几次岩石碰撞的证据（来源：NASA）

相比，斯必泽的灵敏度高出了 100 倍，分辨率高出了 10 倍。通过对 11 万个不同的指向定位和 84 万幅图像的耐心拼接，GLIMPSE 计划产出了一幅珍贵的无缝拼图，上面充满了蓝、红、绿等耀眼的颜色。当然，不要误会，这是斯必泽在不可见波段获取的数据，这几种颜色与可见波段的"蓝、红、绿"不是一回事儿。

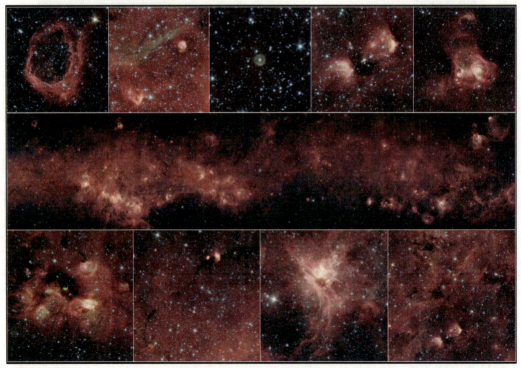

斯必泽 GLIMPSE 计划产生的银河系无缝拼图（中层）和细节图（来源：NASA）

　　在这张"拼图"中，蓝色来自古老恒星的辐射，红色来自尚处于寒冷的尘埃胎盘之中的年轻恒星，绿色来自恒星胚胎，主要是源自一种称为多环芳香烃的复杂分子的辐射。顺带说一下，你可以在汽车尾气和烧烤架上，也就是碳分子不完全燃烧的情况下，发现这种分子。带着这样一份"说明书"，你就能正确地观摩这幅拼图了。

　　除此之外，GLIMPSE 巡天还让我们对银河系的形态有了新的认识。GLIMPSE 成像团队将超过一亿颗的恒星列入表中，用它们勾画出了银河系的旋臂和中心棒，不用看也知道，这肯定是一个非常拥挤的画面。而这个画面的意义在于，它强烈地证实了以往关于银河系是棒旋星系的猜想。要知道，在斯必泽和上一章讲的依巴谷巡天之前，大家都认为银河系拥有四条旋臂：矩尺臂、英仙臂、人马臂和盾牌–半人马臂。而 GLIMPSE 的资料证实了银河系只有两条主要的旋臂，即盾牌–半人马臂和英仙臂，这两条旋臂像银河系的左右手一样，从银河系中心的棒尾端延伸出去。

斯必泽空间望远镜拍摄的鹰状星云、欧米茄星云、三叶星云以及泻湖星云，它们都位于银河系的人马臂（来源：NASA）

　　从恒星尺度上来说，斯必泽空间望远镜可以用来发现太阳系诞生的历史。要知道，充满了尘埃的寒冷星云，既是恒星的产房，也是行星得以形成的场所。斯必泽的观测数据表明了早期星盘的演化过程——刚开始，微小颗粒聚集成尘埃大小的较大的颗粒，像地球和火星这样的岩石行星就是通过吸积作用形成的，从一些小砂石变成石块，再变成一座小山，最终变成行星，这一过程可能需要持续一千万年。通过比较不同阶段的尘埃盘，关于太阳系如何诞生的演化史就可以拼接起来了。

船底座星云中关于恒星诞生柱的影像，颜色中有红外辐射的信息（来源：NASA）

在了解斯必泽的"工作简历"的同时，你是否忍不住关心它后来的命运呢？它不是仅有 350 升的液氦吗？这些液氦如果用完了，它是不是就要"下岗"休息了呢？没错，液氦总有蒸发殆尽的一天。在工作 6 年后，2009 年 5 月 15 日，斯必泽用完了最后一滴液氦。没有了液氦的帮忙，这个望远镜的长波观测仪器就失去了所有的灵敏度。

但是，斯必泽的工作并未就此停滞，它的科研生命也并没有结束。在斯必泽的"人生的低谷处"，它反而迎来了一个意外的"高光时刻"。它在后一阶段的成果，远远超出了科学家原来的期待，可以说是惊喜连连。

事情是这样的：虽然斯必泽的长波观测仪不再灵敏，但它的两个最短波的观测通道仍然能够工作，只不过要转化为"温暖任务"阶段。"温暖任务"让斯必泽获得了第二次重生。但有一点需要注意，这个"温暖"只是一个相对的概念，它的绝对温度依然是极低的。

斯必泽拍摄的 12 幅宇宙图景（来源：NASA）

在"温暖任务"阶段，斯必泽工作的重点发生了转移，很多"目光"都投给了那些轨道平面恰好与视线方向一致的系外行星，因为它们相对而言比较"热"嘛。当这些行星从它们的母恒星前方经过时，恒星和行星的合成红外辐射就会下降，这时从不同波段进行测量，就能推算出系外行星的大小和温度。除此之外，让人惊喜的是，斯必泽还能够检测系外行星的大气组成，甚至是地质组成。斯必泽项目科学家迈克尔·维尔纳（Michael Werner）[1] 这样解释："因为大气中不同层次不同化学组成的区域所产生的波长是不同的，斯必泽的数据可以用于确定行星温度，并对大气结构、化学组成等给出限制条件。"斯必泽的主要

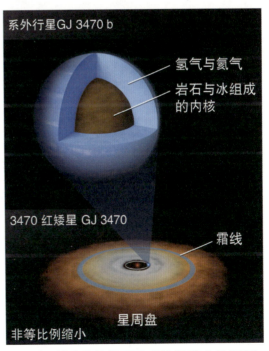

斯必泽联手哈勃探明了系外行星 GJ3470B 的结构（来源：NASA）

---

[1] https://science.jpl.nasa.gov/people/mwerner/

任务是探测隐藏在星际尘埃背后的天体，但是对系外行星特征的研究也许会成为它最伟大的贡献。

终于，在执行"温暖任务"11年后，2020年1月30日，疲惫的斯必泽空间望远镜结束了任务，无牵无挂地飘荡在宇宙深处。

我相信，在我们这个宇宙中，必定充满了新生恒星与系外行星，也一定充满了生命，只是不会那么轻易被人类发现。我们不知疲倦地朝宇宙派送一只只"眼睛"，这些冷冰冰的仪器，就像代表人类出征的英雄，只要让它们出发，就没有人知道它们会给我们带回什么样的惊喜……

钱德拉：
探索狂暴的宇宙

1915 年底，第一次世界大战的硝烟正浓，在德国的某间战地医院，一位 40 来岁的炮兵中尉躺在病床上，他知道自己得的是绝症，时日无多。因此，他没日没夜地在草稿纸上计算着，整个医院中没有任何人能看懂他写的那些天书一般的数学符号。这位炮兵中尉叫史瓦西，凡是知道他背景的人都会张大了嘴，他参战前是波茨坦天体物理天文台台长，普鲁士科学院院士。在简陋的病床上，史瓦西用劣质草稿纸计算着爱因斯坦场方程的解，他并没有意识到自己的计算结果有多重要，第二年就病逝了。然而，他的研究成果在日后成了天文学一个重要分支的开端，他在草稿纸上计算出的那个解在几十年后称为"史瓦西黑洞"，这是一个影响至今的重要科学名词。

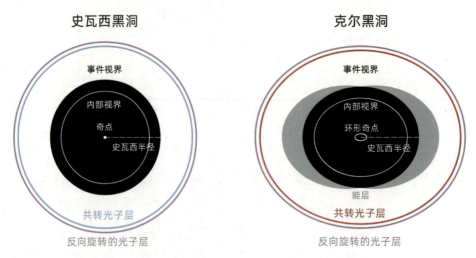

史瓦西黑洞与克尔黑洞示意图（来源：科学声音）

讲到黑洞，我相信大家都不陌生。这个词是著名的物理学家惠勒在 1967 年发明的，它是我们这个宇宙中最怪异的一种天体。诺贝尔物理学奖得主、物理学家基普·索恩（Kip Thorne）说："在所有的人类概念之中，从各种怪兽到氢弹原子弹，最为疯狂的可能要算黑洞了……它是这样一种洞，引力强到连光都无法逃离它的控制，空间和时间在里面打结。"

黑洞的概念虽然很出名，但是长期以来，它一直仅存在于科学家们的理论计算中，谁也不知道在真实的宇宙中，是否会真的存在这样一种怪异到极致的天体。甚至有人认为，黑洞可能永远只能存在于理论计算中，无法得到观测证实。原因就是，既然连光都无法逃脱黑洞的引力范围，那么它就是一个完全黑的天体，我们怎么可能观测得到呢？

然而，从 20 世纪 60 年代开始，出现了一种新技术：X 射线观测技术。当这种技术被用于天文观测中，就使得观测黑洞在理论上成为可能。天文学家们可以利用天体发出的 X 射线来观测宇宙，这就是 X 射线天文学。

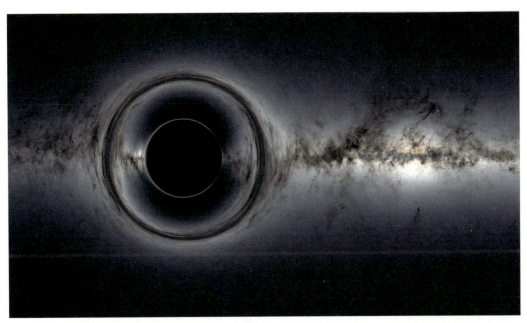

常见的黑洞照（来源：NASA）

本章故事的主角就是 X 射线天文望远镜的王者——钱德拉 X 射线天文台。正是它，让人类首次看到了深邃、静谧的宇宙的另一面——一个狂暴的宇宙，一个无时无刻不在上演着令人难以置信的大碰撞、大爆发和大辐射的宇宙。

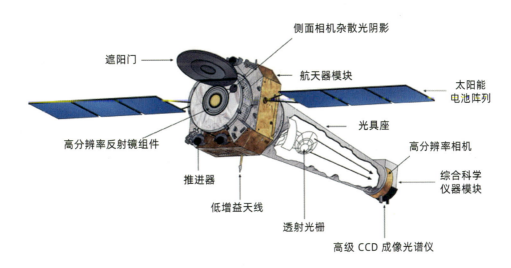

钱德拉 X 射线天文台部件图（来源：NASA）

1999 年 7 月 23 日，在美国的肯尼迪航天中心，可伦比亚号航天飞机搭载着钱德拉 X 射线天文台直冲蓝天。这是在 X 射线天文学史上具有里程碑意义的空间望远镜，标志着 X 射线天文学从测光时代进入了光谱时代。

为什么要把它命名为钱德拉呢?

美国宇航局用科学家的名字来命名望远镜或者探测器是一项传统,往往这位科学家的成就与该科学设备的用途相关。美国的四大空间天文台计划的四台望远镜都是用科学家的名字来命名的,它们是 1990 年发射的哈勃空间望远镜、1991 年发射的康普顿 γ 射线天文台、1999 年发射的钱德拉 X 射线天文台和 2003 年发射的斯必泽红外线空间望远镜。

钱德拉也经常被译作钱德拉塞卡,他是著名的印度裔美国籍物理学家,1983 年获得诺贝尔物理学奖。他最被人们津津乐道的成就是"钱德拉塞卡极限",这是理论上给出的白矮星质量上限,约为太阳质量的 1.4 倍。天体的质量一旦超过了这个极限,引力作用就将超过任何粒子之间相互作用而产生的抵抗力,恒星残骸将坍缩成一种极端的暗天体,或是变成中子星,或是在质量更大的情况下变成黑洞。他很年轻时就提出了这个理论,但不幸的是,该理论受到英国著名科学家爱丁顿的强烈批评,弄得钱德拉差点自暴自弃。好在科学结论的正确与否迟早会有公论,这也是很多科学史书上都会记载的一段科学史话。

在钱德拉 X 射线天文台发射之前,最好的 X 射线望远镜只与伽利略时代最好的光学望远镜能力相当,所能采集数据的区域非常有限,角分辨率也很差。有了钱德拉,用 X 射线进行研究的天文学家们马上就获得了高出好几个量级的灵敏度,获得的图像精细程度也可以与中等口径大小的光学望远镜相媲美了。

钱德拉拥有两个不同的成像仪,任何时候都至少有一个能接收 X 射线入射。高分辨率相机使用真空和强磁场把每一个 X 射线光子转变成电子,并将它们放大成一团电子。相机的测量可以快到每秒 10 万次,因此可以检测到耀变和快速的变化。钱德拉的主力观测仪器叫高级成像光谱相机。钱德拉拥有 10 台电荷耦合器件(CCD),它的成像能力达以往各种 X 射线仪器的一百倍。

真实的宇宙深处可不像夏夜的星空那样静谧祥和,一些剧烈到令人难以想象的天文大事件每时每刻都在我们的宇宙中上演,而 X 射线波段是探索狂暴宇宙的极好途径之一。这是为什么呢?主要是因为像太阳这样的正常恒星,发出的 X 射线非常弱,它们主要发出可见光。而想要发出可被探测的 X 射线,则需要达到数十万甚至百万摄氏度的高温,或者是粒子被加速到极高的能量,也就是说,X 射线只有在极端的物理过程中才能产生。因此,大家可以想象得到,当探测到了宇宙中的 X 射线,就代表极有可能是探索到了某个极端的"暴力"事件。可想而知,科学家们对钱德拉 X 射线天文台抱有多大的期待。

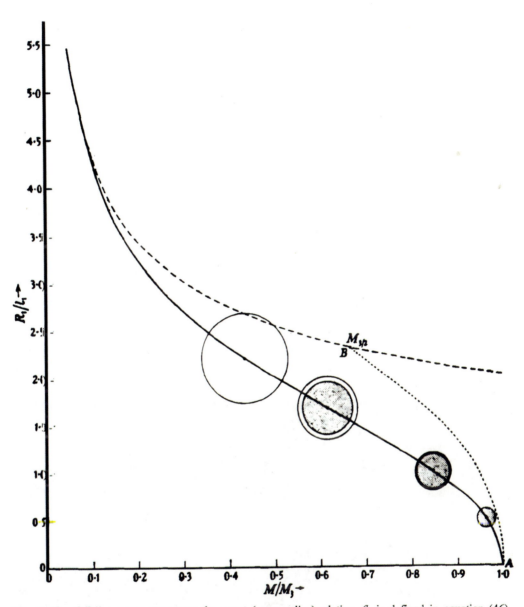

Fig. 2. The full-line curve represents the exact (mass-radius)-relation $(l_1$ is defined in equation (46) and M_l denotes the limiting mass). This curve tends asymptotically to the ---- curve appropriate to the low-mass degenerate configurations, approximated by polytropes of index 3/2. The regions of the configurations which may be considered as relativistic $(\varrho > (K_1/K_2)^3)$ are shown shaded. (From Chandrasekhar, S., Mon. *Not. Roy. Astr. Soc., 95, 207* (1935).)

钱德拉塞卡 1935 年发表的论文，首次提出了"钱德拉塞卡极限"的概念
（来源：CC0 Public Domain）

由于每一次天文爆发事件射出的 X 射线光子比可见光都要少得多，所以每一个 X

射线光子都十分珍贵。X 射线天文学的目标就是要收集一个一个的这种光子。有时候，钱德拉用两周的时间才收集到两三个光子，但这足以确认一个信号源被发现了。在很多研究论文中，作者的数量比检测到的光子的数量还多！

　　钱德拉 X 射线天文台没有辜负所有人的期待。随着数据的不断积累，人类得以第一次看到一个狂暴的高能宇宙，黑洞也逐渐褪去它神秘的面纱。

　　1964 年，物理学家里卡尔多·贾科尼（Riccardo Giacconi, 1931—2018）和他的团队，利用地面上的 X 射线望远镜找到了一个很特别的 X 射线源，他们把它命名为天鹅座 X-1[1]。后来，人们开始怀疑天鹅座 X-1 就是一个黑洞，那些 X 射线是黑洞的吸积盘发出的。但问题是，地面上的 X 射线望远镜观测能力太弱，无法给出确凿的证据。讨论天鹅座 X-1 到底是什么，成了科学界的一个经久不衰的话题，喜欢打赌的斯蒂芬·霍金（Stephen Hawking, 1942—2018）更是给这个话题的热度添了一把油。他和基普·索恩（Kip Thorne）为天鹅座 X-1 是不是黑洞打赌，霍金赌它不是。于是，这个天体越来越红，它出现在美剧《星际迷航》中，还出现在 RUSH 摇滚乐队的歌曲[2]以及各种文学作品中。尽管在 1990 年，霍金公开承认自己输掉了赌局，但那只是因为霍金的直觉，天鹅座 X-1 是黑洞的证据其实并不充分。于是，天鹅座 X-1 就成了钱德拉 X 射线天文台最为重要的观测目标之一。

天鹅座 X-1 的光学图像（左）与图解（来源：NASA）

　　钱德拉 X 射线天文台拍摄到了天鹅座 X-1 的喷流冲入星际介质后激发出来的 X 射线图像，是一个弥漫的、扇形的发光物。华莱士·塔克（Wallace Tucker）在回

---

[1] https://www.nasa.gov/mission_pages/chandra/multimedia/cygnusx1.html

[2] https://www.rush.com/songs/cygnus-x-1-book-one-the-voyage/

钱德拉拍摄的天鹅座 X-1（来源：NASA）

顾钱德拉 X 射线天文台的历程时，声称这个望远镜已经"提供了黑洞存在的实质性证据"。

2007 年，一个研究小组用钱德拉的观测发现了近距旋涡星系 M33 中的一个黑洞，它的质量为太阳的 16 倍，是迄今所知最重的恒星级黑洞。更有意思的是，这个黑洞边上还有一颗伴星，有一颗 70 倍太阳质量的巨星与这个黑洞形成了一个双星轨道。而这种现象的形成机制还是未知的。这也是人类第一次观测到可以显示掩食现象的带黑洞

X射线光学

艺术图

M33 的光学图像（左下）与图解（来源：NASA）

的双星系统，因此天文学家可以用极高的精度测量它们的质量和其他性质。最终，这个大质量的伴星也将以黑洞的形式死去。

此外，钱德拉还在并合的星系之中看到了双黑洞，这两个巨大的黑洞之间的距离只剩 3 000 光年，很可能在未来的一亿年里合并为一个整体，产生一个可以称得上灾难级别的引力波事件，两个星系最终将形成一个具有更大黑洞的单一星系。这是第一次有证据表明星系和它中心的超大质量黑洞，是可以通过并合和吸附作用，在数亿年的时间里得以成长。

根据这些现象，当时的天文学家们预言：未来有可能观测到宇宙中的一种难以想象

光学

X射线

漩涡星系 M51 正在与其较小的邻居并合（来源：NASA）

的狂暴事件：两个黑洞会在死亡螺旋舞中最终并合成一个单一的"怪兽"，在一瞬间释放出数个太阳质量的能量。到了 2016 年，这个预言成真。两个黑洞并合发出的引力波被美国的 LIGO 引力波天文台观测到，成为轰动一时的科学界大新闻。

在我们的宇宙中，无时无刻不在上演着这些天文大事件，当这些事件的信号传到地球时，已经变得极其微弱。可是，只有当这样的事件发生在我们的银河系中，你对它们的认识才会像第一次看到核弹爆炸那样直观。这种宇宙级别的"暴力"事件超出我们任何一个人有限的想象能力。

在我们银河系的中心就有一颗 400 多万倍太阳质量的超大质量黑洞，在它的周围存在许多星团，它们的密度比身处"城乡接合部"的太阳系附近的恒星密度高了数千倍。面对如此多的"猎物"，银心超大质量黑洞却安静得像个刚刚吃饱、正在舐毛的猎食者。科学家们给出的解释是，物质掉入黑洞时会激发其活性，喷射出高能粒子，这反而会清

钱德拉拍摄的图片（来源：NASA）

空周边区域，使得黑洞平静下来，直到下一次的"猎物"再度被引力捕获而来。这就是超大质量黑洞在大部分时间里并不活跃的原因。钱德拉的观测为这一解释提供了有力的证据，它在银心黑洞的附近观测到了许多 X 辐射瓣和等离子块，表明了银心黑洞存在准周期性活动。它还在某些离银河系较近的星系的中心探测到巨大的泡泡状洞穴和波浪涟漪，这可能是由超大质量黑洞的"反冲作用"造成的。

要想更好地了解黑洞和星系的演化规律，就需要进行深度的巡天观测。钱德拉接下了这一任务。代号为"钱德拉深空场"的巡天任务，在长达三个星期的曝光时长中，产生了有史以来观测得最深最远的 X 射线图像。观测覆盖的天区有多大呢？只有两平方度。比你举起一枚邮票，在手臂那个距离处所张开的角度还小。就在这么小的巡天观测范围里，钱德拉探测到了超过 2 000 个超大质量黑洞，为科学家们研究黑洞和星系的演化提供了大量的数据。

通过研究这些巡天观测结果，科学家们发现，星系中的恒星形成和黑洞成长是密切关联的。那些最重的、比太阳质量大数亿倍的黑洞在宇宙诞生后的前几十亿年特别"贪吃"，它们最早形成，也过早地消耗了与之相伴的大质量星系的"青春"，此后不得不减少甚至完全停止了"进食"，从而沉寂下去。

钱德拉深空场南区（来源：NASA）

　　而那些次一点的、相当于太阳质量数千万倍至数亿倍之间的黑洞，"吃相"比前者稍微"温和"一些，慢慢吃、吃得久。正因为如此，直到今天这些黑洞仍在发出辐射。同时，巡天研究还为X射线天空的一个老谜团提供了解释。从第一个X射线望远镜获得观测数据开始，它们总能看到整个X射线天空笼罩在一层微弱的X射线背景辐射之下，这个现象一直没能得到解释。直到钱德拉和XMM-牛顿卫星[1]深度巡天后，这一背景

――――――――――

[1] https://www.cosmos.esa.int/web/xmm-newton

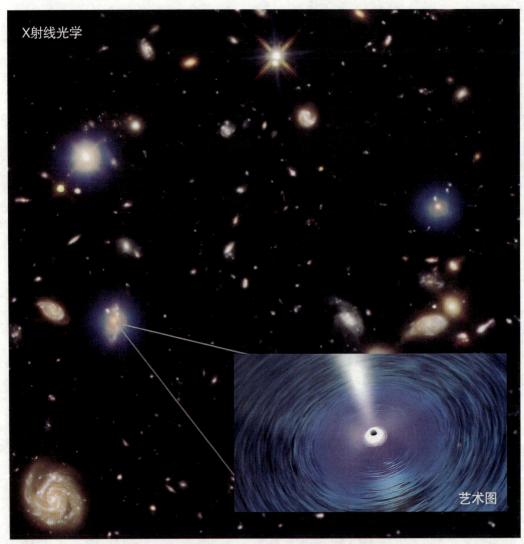

X射线光学

艺术图

基于钱德拉深空场南区得出的超大黑洞图（来源：NASA）

辐射才被证明是众多处于 30 ~ 80 亿光年之外的活动星系所发出的 X 射线。

以钱德拉为代表的一系列 X 射线望远镜，为探索神秘宇宙又打开了一个窗口，第一次为人类揭开了恒星级黑洞和中子星的本质奥秘，发现了弥漫在星系中的超新星遗迹。它们还使我们得以窥见潜藏于所有星系中心的超大质量黑洞，并在追猎暗物质与暗能量的路途上前进了一步，这是人类天文学发展的新里程。

哈勃：
建立崭新宇宙观

　　1990 年 4 月 24 日，哈勃空间望远镜由发现号航天飞机发射进入轨道。这个长约 13 米的天文望远镜，耗资 25 亿美元，承载着科学家和民众的殷切期望。然而几周后，哈勃传来的第一张图像却让所有人大跌眼镜——画面中的星光并没有聚集在一个焦面上，而是散成了一个个又大又丑的光晕，模模糊糊的，与地面上的大型望远镜差不了多少……

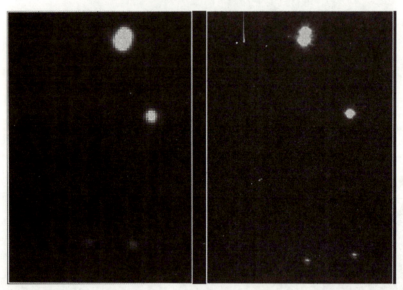

哈勃的第一张图像（右）与拍摄同样天体的智利某地面天文台对比（来源：NASA）

　　原来，哈勃望远镜的主镜片有一个瑕疵，边缘部分比理想状态差了约五分之一根头发丝的厚度。仅仅五分之一根头发丝的小小缺陷，却让哈勃患上了严重的"近视"，一下子从天堂掉入地狱。消息传出，美国宇航局立刻遭到了舆论的攻击，评论员和访谈节目主持人纷纷调侃，他们说美国宇航局发射了一个史上最大的太空垃圾，一些学校的商科还把它用作反面案例，简直是全民吐槽。

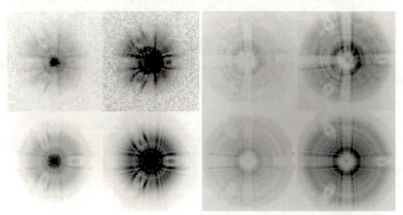

专家们分析正常成像（左图）与"近视眼"哈勃（右图）之间的差异（来源：NASA）

读到这里，你可能会产生一点疑惑：不对吧，我听说哈勃空间望远镜是一个非常成功的项目，有数不清的科研成果，而且我也看过哈勃拍摄的星空照片，并不模糊呀！没错，你的这些认识都是正确的，但与刚才讲的"近视眼"哈勃并不矛盾。其中原因，请继续往后看。

我们先从哈勃空间望远镜的"前世"说起。哈勃项目从一开始就不是一帆风顺的。早在 1946 年，耶鲁大学的天文学教授莱曼·斯必泽（正是用他的名字命名了斯必泽空间望远镜）就提出了在地球周围的轨道上放置望远镜对宇宙进行深度观测的好处。近 20 年后，美国国家科学院终于认可了这个项目，同意在天空中安置一台长 3 米的望远镜。但是，高达 4 亿~5 亿美元的预算，在 1975 年被国会直接驳回。为了让项目通过，美国宇航局和欧洲空间局挖空心思，把望远镜的口径从 3 米缩减为 2.4 米，成功地把预算降到了 2 亿美元。

这一次国会终于松口了，他们在 1977 年批准了预算，并把发射时间定在 1983 年。哪知道，1983 年没能如期发射，到了 1984 年又遇到了挑战者号航天飞机失事，所有航天飞机被停飞，又加上各种各样的原因，一延期就是 7 年。直到 1990 年 4 月 24 日，哈勃空间望远镜才终于发射升空。从项目最初提出到正式发射，整整过去了 44 年。

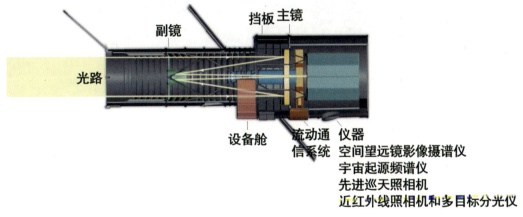

哈勃的结构设计（来源：NASA）

可惜天不遂人愿，几经周折成功上天的哈勃，却给所有关注它的科学家"当头浇了一盆冷水"，好不容易上天的哈勃居然患有严重的"近视"。调查小组发现，造成这个致命错误的原因并非是工程设计，而是管理体制。哈勃项目的参与者非常多。例如，珀金－埃尔默公司负责建造光学望远镜组件，洛克希德公司负责建造望远镜的支撑系统，除此之外，还有大约 20 个来自各个航天企业的二级合同。合作关系复杂，缺少严格透明的管理机制，也缺少技术专家之间的清晰沟通，这些系统性原因最终造成了这个灾难[1]。

---

[1] https://history.nasa.gov/SP-4219/Chapter16.html

珀金－埃尔默公司在生产哈勃的主镜（来源：NASA）

在最重要的主镜制作完成后，珀金－埃尔默公司检测镜面形状的光学设备出了问题，有两个元件位置偏差了 1.3 毫米，因此种下了错误的"毒苗"。

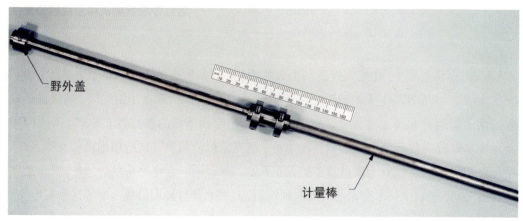

野外盖

计量棒

用于检测镜面形状的计量棒（注意野外盖）（来源：NASA）

抗反射涂层

抗反射涂层破损

mm   10   20   30

造成哈勃"近视"的计量棒上的野外盖（来源：NASA）

    之后，珀金－埃尔默公司[1]进行了两个补充检测，明明发现了这颗"毒苗"，却选择了瞒报数据[2]。后来到了美国宇航局，他们没有要求对主镜进行完全独立的检测。由于预算紧张，发射前的配件检测也取消了，问题一直被带到了天上。真应了那句谚语，一颗钉子就输掉了一场战争。

    好在哈勃的故事没有就这样遗憾收场。如果上帝关上一扇门，就会再为你打开一扇

---

[1] https://www.nasa.gov/content/hubbles-mirror-flaw/

[2] https://ntrs.nasa.gov/api/citations/19910003124/downloads/19910003124.pdf

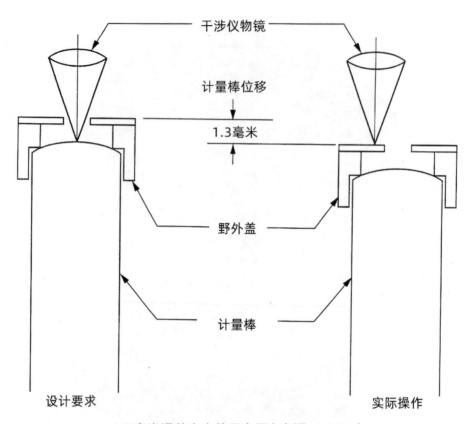

干涉仪物镜

计量棒位移

1.3毫米

野外盖

计量棒

设计要求

实际操作

1.3 毫米误差产生的示意图（来源：NASA）

窗的话，那么上帝就是蒙上了哈勃的眼睛，却为它带来了几个"天使"。

1993 年 12 月，7 位宇航员乘坐奋进号航天飞机来到哈勃身边，为哈勃佩戴了一个专属的"矫正眼镜"。这个眼镜名叫 COSTAR [1]，是"光学空间望远镜轴向改正件"的首字母缩写，它能抵消哈勃的镜片产生的光学偏差，用于矫正哈勃望远镜的视力。除此之外，7 位宇航员顺便升级了哈勃的机载计算机，安装了新的太阳能板，且替换了四个陀螺仪。

整个维修过程持续了 11 天，宇航员们完成了 5 次太空行走，出舱工作的总时间超过了 35 个小时。这几乎是航天史上最复杂的一项任务。

宇航员的"太空医疗服务"让哈勃迎来了新生。它不仅摆脱了"近视"的魔咒，成像能力修复到原设计水平，甚至还"鸟枪换炮"，大大升级了——因为宇航员为它带来了更先进的相机。"医疗行动"的成功让美国宇航局大获好评，人与机器的完美合作激起了民

---

[1] https://airandspace.si.edu/collection-objects/costar-corrective-optics-space-telescope-axial-replacement-hubble-flown/nasm_A20120157000

COSTAR 的生产设备及最后的成品"矫正镜"（来源：NASA）

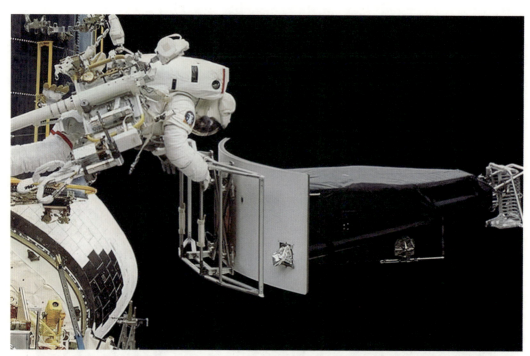

宇航员出舱修复哈勃（来源：NASA）

哈勃装上"矫正镜"前后拍摄图像质量的对比（来源：NASA）

众强烈的热情与信心，舆论的风向一下子转变了。

美国宇航局尝到了甜头，在接下来的十多年中又进行了4次类似的太空服务。每一次人类"医生"的"出诊"，都能使哈勃的设备"青春焕发"。第二次是在4年后的1997

年[1]，宇航员给哈勃带来了几样崭新的礼物：一个新的光谱仪及第一个设计在红外波段工作的仪器。第三次在 1999 年[2]，宇航员耐心地帮哈勃处理了陀螺仪失效带来的麻烦。第四次在 2002 年[3]，宇航员帮哈勃更换了新的太阳能电池板、动力单元、光谱仪和红外相机，还借助航天飞机把哈勃望远镜推到了更高的轨道上。这些工作让哈勃望远镜看起来焕然一新。

1999 年宇航员修复哈勃空间望远镜（来源：NASA）

　　而在第五次太空服务前却发生了一些可怕的意外，差点让这一计划中途夭折。2003 年 2 月哥伦比亚号航天飞机失事，给航天事业以沉重的打击。在这样的背景下，美国宇航局当时的行政长官肖恩·奥基夫（Sean O'Keefe）左思右想，在 2004 年宣布放弃人工修理望远镜的任务，哈勃只能在陀螺仪损坏或数据传输系统损坏之后，平静地迎接死亡。

　　让他没想到的是，这个决定掀起了舆论的惊涛骇浪，反对的浪潮几乎将他淹没。美国宇航局每天都能收到约四百封抗议的邮件，几十份美国新闻报纸的社论和专栏评论都提出了反对意见，许多报纸都将哈勃称为"人民的望远镜"，强烈表达了继续维护

[1] http://science.ksc.nasa.gov/shuttle/missions/sts-82/mission-sts-82.html

[2] http://science.ksc.nasa.gov/shuttle/missions/sts-103/mission-sts-103.html

[3] http://science.ksc.nasa.gov/shuttle/missions/sts-109/mission-sts-109.html

哈勃望远镜的愿望。甚至宇航员也加了进来，签名表示虽然知道任务危险，但仍然愿意为望远镜服务。在"拯救哈勃"的舆论冲击下，美国宇航局新任行政长官迈克尔·格里芬（Michael Griffin）最终改变了奥基夫的决定，第五次太空服务于 2009 年 5 月成功进行。

这一次，宇航员对哈勃的许多关键部件进行了替换和升级，同时安装了许多最新的先进仪器，某些方面的能力甚至达到了原始计划的一百倍。所有新安装的设备都能自动修复哈勃望远镜主镜片产生的误差，最初安装的近视眼镜 COSTAR 不再是必要设备，宇航员们顺手拆除了它。

除了主镜以外，哈勃望远镜就像忒修斯之船，每一块船板、每一个木块都在航行的过程中被替换掉了。

正是这五次修复，让哈勃空间望远镜始终坚持在天文学研究的前沿。哈勃项目投入的金钱成本是巨大的，同时收益也是巨大的。它并不专属于任何一个天文学领域，却对所有的天文学领域都作出了贡献。哪怕你平时对天文学关注不多，但也肯定听说过"哈勃望远镜"的大名。篇幅有限，而哈勃的科研成果又太多，只能挑选几个跟大家分享——毕竟它太优秀了。

第一，哈勃测量了宇宙膨胀的速度。宇宙膨胀有多快呢？这个速度是通过哈勃常数来确定的。"哈勃常数"代表当前宇宙膨胀的速度，物理单位是千米／（秒·百万秒差距）。如果哈勃常数是 70，就意味着每增大一百万秒差距，即 330 万光年，退行速度将增大 70 千米／秒。也就是说，距离一百万光年之外的星系，相对于银河系的退行速度约为 21 千米／秒。哈勃空间望远镜对 30 多个星系进行距离测量，最终确定宇宙目前的哈勃常数为 73，随机误差为 6%，系统误差为 8%。除此之外，它还参与了对宇宙加速膨胀的证实。

哈勃望远镜第一幅受到广泛关注的图片——鹰状星云的塔状气体柱（来源：NASA）

第二，哈勃测量了星系团

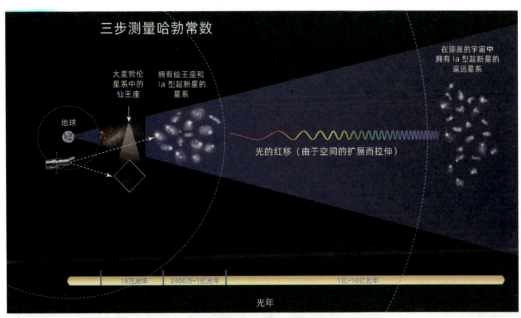

利用哈勃测量哈勃常数的步骤（来源：NASA）

中神秘的暗物质。通过观察"透镜成弧"现象，哈勃可以实现对暗物质的测量。"透镜成弧"是指在质量巨大的星系团中可以看到一个个圆弧，它们都是以星系团的核为中心的同心圆中的一小段，就像你在水中扔一颗石子出现的一段段涟漪。之所以会有这些圆弧，是因为质量会使光线弯曲，无论普通物质还是暗物质，都会影响弧度，这也就成了给暗物质"称重"的可靠方法。哈勃提供的精细影像，可以用来研究数十个星系团的透镜成弧现象。在这些影像中，有些星系团中可以看到数百个小弧线，就像这几百条光线都在帮忙做光学实验一样。

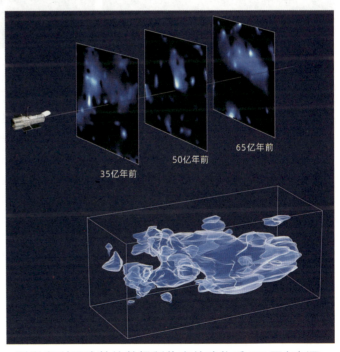

科学家利用哈勃的数据制作出的暗物质 3D 图（来源：
NASA）

通过分析它们的弧度，就能知道星系团中暗物质的情况，哈勃的观测证实了暗物质的总量超过普通物质的 6 倍。

第三，哈勃发现了黑洞的普遍性。在之前很长一段时间里，天文学家们都认为围绕着类星体的星系是特殊的，它们拥有一种超大质量黑洞，大概是太阳质量的十亿倍。但在过去的 15 年里，哈勃把它的光谱仪对准了银河系附近一些普通的星系，发现在这些星系的核心，几乎都会发生运动速度突然增大的现象。计算结果显示，这么强劲的"引力发动机"只能是黑洞。也就是说，黑洞并不是哪个星系特有的，而是几乎每个星系核心都有的"标配"。

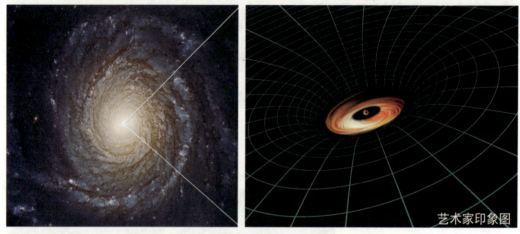

哈勃拍摄的星系 NGC3147（左）与艺术家绘制的该星系中心的黑洞星云（来源：NASA）

类似这样的成果还有很多很多，下面我要说的不是什么重大的科学发现，而是一张图像——震撼世界的"哈勃深空场"。现在我们都知道这张照片意义重大，但在二十多年前，其实这项观测计划并没有多少人支持，这是一个很大胆的，甚至可以说是孤注一掷的决定。

要知道，哈勃的观测时间太宝贵了，每年全世界科学家们都会递交数千份观测申请，但最终只有大约 15% 的能通过，恨不得一秒钟都掰成两半用。1995 年，时任空间望远镜科学研究所所长的鲍勃·威廉姆斯（Bob Williams）作出了一个"任性"的决定，从他能掌握的观测时间中抽出 10 天，也就是 12 月 18 日至 28 日，用来拍摄大熊座中 2.6 弧分的一个小区域，仅占全天面积的 2 400 万分之一，相当于是在 100 米外看一个网球的大小。最后成像的照片是由 342 次曝光叠加而成的，这就是你现在看到的"哈勃深空场"。

在这张图像中，纯黑的背景上洒满了让人眼花缭乱的璀璨"钻石"，超过 3 000 颗。而你看到的每一颗"钻石"都不是一颗星，而是一个像银河系一样包含着千亿颗恒星的星系，其中有目前已知的最早、最遥远的星系，银河系与之相比可以说是毫不起眼。

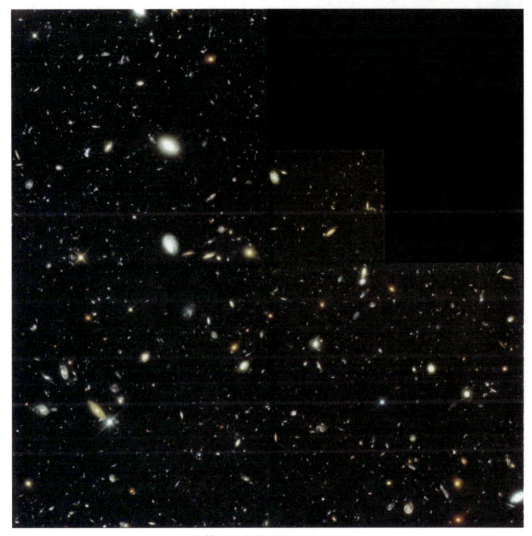

哈勃深空场（来源：NASA）

　　"哈勃深空场"横空出世，立刻成为 NASA 最值得骄傲的照片之一，不仅美丽神秘，科学内涵也极其丰富。截至 2019 年 1 月，相关科学论文已被引用一千次以上。同时它也吸引了红外线、射电和 X 射线领域的天文学家们迅速跟进，从各个电磁波段对光学观测进行补充。在那之后，深空视场如雨后春笋般涌现出来。

　　哈勃在 2003 年和 2012 年对该区域的更小视场、更深区域进行了拍摄，得到了哈勃超深空场和哈勃极深空场的两张照片。在哈勃超深空场中，哈勃拍到了约 10 000 个星系，其中最暗的天体亮度是人眼能看到的最暗的光的 50 亿分之一。

哈勃超深空场（来源：NASA）

　　从 1990 年发射以来，30 年间，哈勃几乎完成了观测可见宇宙中所有天体类型的基本任务：它对太阳系天文学和系外行星进行了探索，它以前所未有的高精度扫视了恒星的诞生和死亡，它奉献了无数精彩的、或远或近的星系照片，它还为宇宙学研究打下了重要的、定量的基础，包括测定了宇宙的大小、年龄和膨胀速率。

　　在所有的科学项目中，哈勃空间望远镜最集中地体现了人类探索遥远世界、理解宇宙起源的种种努力。时至今日，哈勃依然没有退休，它遨游在太空中，捕捉和传递着星系和星云的惊人影像。未来会怎么样呢？我只能说，别急，让哈勃再飞一会儿……

哈勃极深空场（来源：NASA）

纪念哈勃发射 30 周年时，美国宇航局发布的"宇宙礁"图片（来源：NASA）

太空中的哈勃（来源：NASA）

WMAP:
描绘婴儿期的宇宙

1989 年 11 月 18 日，在美国范登堡空军基地，一支德尔塔火箭冲天而起，把一台价值上千万美元的探测器发射到了太阳同步轨道，这是人类发射的第一台宇宙微波背景辐射探测器，简称 COBE。

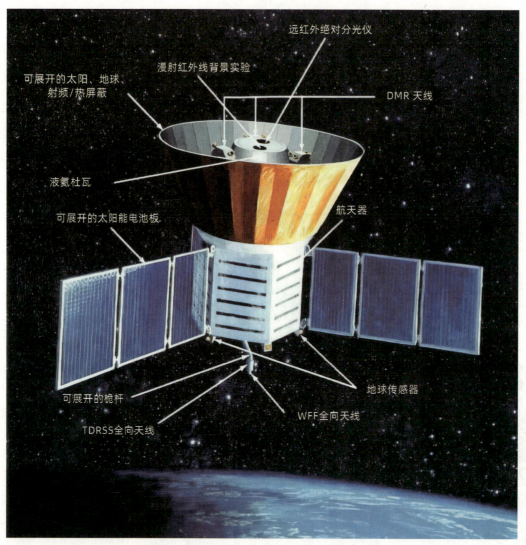

远红外绝对分光仪

漫射红外线背景实验

可展开的太阳、地球、射频/热屏蔽

DMR 天线

液氦杜瓦

可展开的太阳能电池板

航天器

可展开的桅杆

地球传感器

TDRSS全向天线

WFF全向天线

COBE 的部件示意图（来源：NASA）

在物理学家乔治·斯穆特（George Smoot）和约翰·马瑟（John Mather）的带领下，一千多位研究人员为了这台探测器辛勤忙碌。两年多后，他们宣布了一项激动人心的发现：观测数据表明，天空中一个区域与另一个区域的辐射强度，与一个常数温度值存在几十万分之一的偏差。消息一出，立刻登上了全美各大报纸的头条，整个科学界都为之兴奋，这仅仅几十万分之一的小小偏差，被科学家激动地称为"上帝指印"。为表彰这个重大发现，乔治·斯穆特和约翰·马瑟被授予 2006 年诺贝尔物理学奖。

读到这里，你可能有点想不明白：不就是宇宙中微波辐射的一点点变化吗？而且还那么微小，为什么称它为"上帝指印"？又为何能担当得起一个诺贝尔奖呢？别急，想要彻底明白其中的意义，咱们就要从 1929 年开始讲起。

我们把时间拉回到 1929 年，那一年，美国天文学家埃德温·哈勃（Edwin Hubble，1889—1953）和他的助手有了一个轰动世界的发现。他们观测到，遥远的星系都在以每秒 1 100 千米甚至更大的速度远离银河系，这意味着宇宙正在膨胀。这个观点一出，科学界广为震动，很多人都觉得这太荒谬了，连爱因斯坦刚开始都表示无法接受。但比利时天文学家乔治·勒梅特（Georges Lemaître，1894—1966）不但没有反对这个观点，反而在这个基础上作出了更大胆的推测。他认为宇宙曾经有一个开始，宇宙是从一个起点开始慢慢膨胀变大的，说得具体一点，也就是说我们的整个宇宙，超过十亿个星系，是从一个极微小的时空中突然产生出来的。这就是著名的宇宙大爆炸理论的前身。

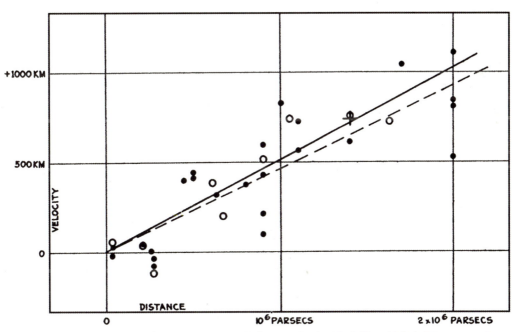

哈勃 1929 年在论文《星系外星云的速度–距离关系》中的图片（来源：NASA）

怎么样，如果你是 100 年前的一名普通群众，刚听到这个观点，是不是也会觉得无法接受呢？大爆炸理论要想得到认可，必须得到实际观测证据的证实，否则它就仅仅是一个疯狂的假设而已。

时间来到 1949 年，伽莫夫（George Gamow，1904—1968）和罗伯特·赫尔曼（Robert

Hermann，1931—2020）为宇宙大爆炸理论找到了一个可能被观测到的特征。他们预言，如果大爆炸存在的话，那么它的余晖可以在数十亿年后逐渐冷却下来，变成弥漫于宇宙的微波光子，也就是宇宙微波背景辐射。伽莫夫不仅定性地描述了微波背景辐射是什么，还定量地计算出了这个辐射的温度应该是 5 开，如果用今天测定的参数代入这个方程，数值应该是 2.7 开，转化成你熟悉的摄氏温标，就是零下 270.45 摄氏度。这么精确的预测，真是让人既觉得不可思议，又深感敬佩。那么，微波背景辐射到底存在吗？它能否被实验观测到呢？

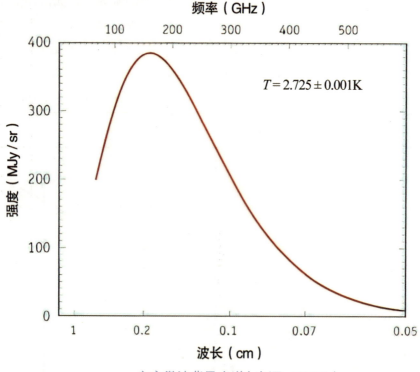

宇宙微波背景光谱（来源：NASA）

　　幸运的是，这个答案我们现在已经知道了。就在伽莫夫去世的 3 年前，也就是 1965 年，他预言的宇宙微波背景辐射被观测到了。说起来还有点戏剧性，它不是被天文学家发现的，而是被两个在贝尔实验室工作的工程师意外发现的，他们测得这种微波辐射信号的温度是 3.5K，和伽莫夫的预言十分接近，仅有一点点误差。

　　需要说明一点，宇宙微波背景辐射之所以能成为大爆炸理论的关键证据，不仅仅是因为它符合了伽莫夫的预言，更重要的一个逻辑是：目前观测到的 3 开左右的温度，相当于宇宙的任何一个 1 平方厘米的地方每秒钟都能接收大约 10 个光子，考虑到宇宙的尺度之大，根本不可能有哪一个辐射源能产生如此巨大的能量，只有一种解释——这些

发现宇宙微波背景辐射的威尔逊（左）和彭齐亚斯（右）（来源：CC0 Public Domain）

光子是在宇宙诞生的时候同时产生的，就像一个巨大的火球在经过了 138 亿年的膨胀后剩下的余温。

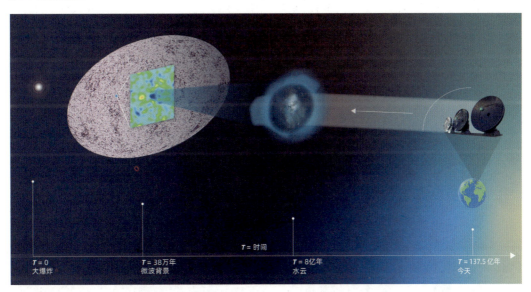

大爆炸遗迹到达地球之旅（来源：NASA）

　　就这样，有了宇宙微波背景辐射的"加持"，大爆炸理论算是初出茅庐便一鸣惊人，出色地通过了第一次考验。而在全世界的科学家们都兴奋地把目光对准宇宙微波背景辐射，对它展开越来越精确的测量时，事情的走向却开始越来越"魔幻"，一系列数据让大爆炸理论的支持者们开始冷汗直冒，坐立难安。他们惊惶地发现，宇宙微波背景辐射的数据渐渐走到了大爆炸理论的反面，最初的"天使"现在变成了"幽灵"。这是怎么回事呢？

原来，在精确地测量宇宙微波背景辐射后，科学家惊讶地发现，整个空间的辐射竟然是完全均匀的，无论把天线指向哪里，辐射的温度都在 2.725 开左右，就像被复制粘贴的一样。你可能一下子不能明白这个均匀的温度意味着什么，问题在哪里。别急，我一解释你就明白了。

事实上，宇宙在早期膨胀的速度是非常大的。在微波辐射刚刚开始的时候，空间中两个点彼此离开的速度能达到光速的 60 倍。在这种极速膨胀的情况下，宇宙中任意两个区域都来不及达成一个平衡的状态，因此不可能准确地达到相同温度。这就好像是夜空中炸开了的焰火，但经测量后就会发现，焰火的每一束火花的温度竟然都完全一致，这就太令人费解了。

后来，一位叫阿兰·古思（Alan Guth）的物理学家为这种现象找到了一个合适的解释，他提出了著名的暴胀理论。在这个理论中，宇宙初期时刻的空间分离速度比标准模型预测的分离速度要小，这让"宇宙大火球"有足够的时间在每个区域都达到相同的温度。在完成了这个热平衡后，宇宙开始了一次短暂的爆发性膨胀，这绝对是一场极端疯狂的膨胀，速度之大令人咋舌——大约是在十亿亿亿亿分之一秒的时间内，宇宙的尺度突然增大了 10^{26} 倍，也就是一百亿亿亿倍。这个模型的核心就是，宇宙空间各部分在迅速远离之前就已经达到了相同的温度。

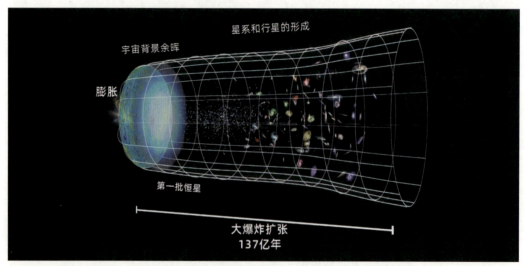

阿兰·古思的暴胀理论图示（来源：NASA）

如果说大爆炸理论在初期让人无法接受，那么疯狂的暴胀理论就更加出奇；如果要让它得到科学共同体的认可，必须拿出强有力的证据。就是我常说的——非同寻常的主张需要非同寻常的证据。

那么，暴胀理论是否能做出一些可以被检验的预言呢？是可以的。在一大批理论物理学家的共同努力下（包括大名鼎鼎的霍金），他们发现，空间的快速膨胀并不会导致辐射的绝对均匀。相反，因为量子涨落的存在，在宇宙看似均匀的微波背景辐射中必定会存在极为微弱的温度涨落，这就像光滑的水面上会泛起微微的涟漪一般。只要观测到这个微弱的"涟漪"，暴胀理论也就得到了最为关键的证据。

为了检验这个预言，本章开头提到的 COBE 探测器，在 1989 年踏上了征程。结果大家已经知道：COBE 找到了宇宙微波背景辐射的温度涨落，仅有几十万分之一的小偏差，和理论预测相符，给暴胀理论提供了关键证据。COBE 的发现极大地振奋了科学家们探索宇宙微波背景辐射的热情。到了 2001 年 6 月 30 日，美国宇航局在卡纳维拉尔角又发射了一颗宇宙微波背景辐射探测器——威尔金森微波各向异性探测器，简称 WMAP[1]，这也是我们今天压轴亮相的主角。WMAP 以更高的精度测量了宇宙微波背景辐射，对暴胀理论进行了更加严格的验证。

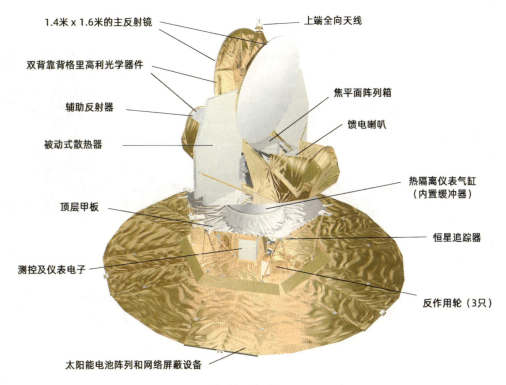

WMAP 部件图（来源：NASA）

---

[1] https://map.gsfc.nasa.gov/

从外形上看，WMAP 比 COBE 大得多，而且复杂得多，但其实它的质量只有 COBE 的三分之一。它使用一对直径为 1.5 米的盘形天线来收集微波辐射，接收器可以在 5 个频率上工作。WMAP 每 130 秒转动一周，需要 6 个月才能完成一个完整的全天图，记录天空中每一部分的微小温度变化。

你可能会想：COBE 不是已经证实了暴胀理论吗？　WMAP 相当于做一个"二次检查"，好像作用并不大吧。为什么它还是今天的主角呢？

事实上，WMAP 的重大意义在于，它可以将大爆炸理论的检验精度推进到新高度。WMAP 与 COBE 相比有一个很大的优势，那就是它被送入了距离地球 150 万千米的地日第二拉格朗日点，这里的辐射污染要远低于较低的地球轨道。得天独厚的"地段"让 WMAP 的灵敏度远高于 COBE，可达到 COBE 的 45 倍，而且能够分辨出是 COBE 分辨细节的 35 分之一的空间细节。WMAP 与 COBE 在一起对比，相当于哈勃空间望远镜和地面上的 30 厘米望远镜的对比——这是降维打击般的碾压级的胜利。也就是说，WMAP 的观测数据要可靠得多，如果两者出现矛盾，COBE 之前的观测结果势必要被推翻了。

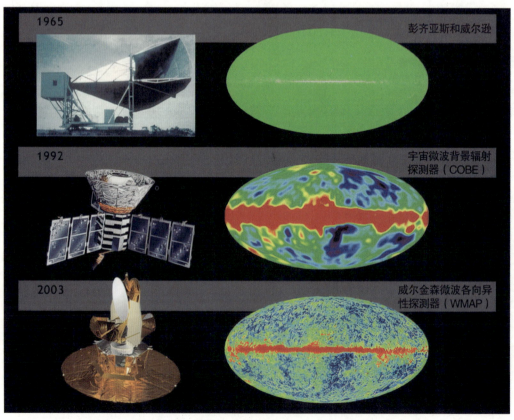

近 40 年间探测微波背景辐射的灵敏度比较（来源：NASA）

那么，WMAP 的观测结果到底是支持暴胀理论，还是反对呢？先简单告诉你一个结论——是支持的。面对更加严苛的检测，暴胀理论依旧屹立不倒。

在近十年的观测中，WMAP 获得了许多重要物理量的新数据，并将它们转变为精确测量的宇宙学参数，温度的测量精度达到了千分之一摄氏度。那么，这么高的精度有什么意义呢？或许你没想到，它可以被用来测量宇宙到底是弯的还是平的。根据广义相对论，空间可以被弯曲，从而形成一个巨大的透镜。那么，这个透镜的角度到底是多少呢？我们可以观测已经在空间中穿梭了一百多亿年的微波，它们在空间中穿行，角大小可能被放大，也可能被缩小，这取决于空间是正曲率还是负曲率，就好像宇宙到底是凸透镜还是凹透镜。但是，WMAP 的实际观测结果出乎意料：微波并没有出现弯曲，所有的宇宙都像是一面平滑的镜子。也就是说，整个空间没有弯曲，宇宙的平直性可能达到高于百分之一的精度，它是那么的平直、光滑，而这正是暴胀理论所预期的结果。

有了 WMAP 提供坚实的数据支持，暴胀理论作为宇宙大爆炸理论的重要修正，一直统治着宇宙学领域，被称为标准宇宙模型。而当今宇宙学的最前沿领域就是在暴

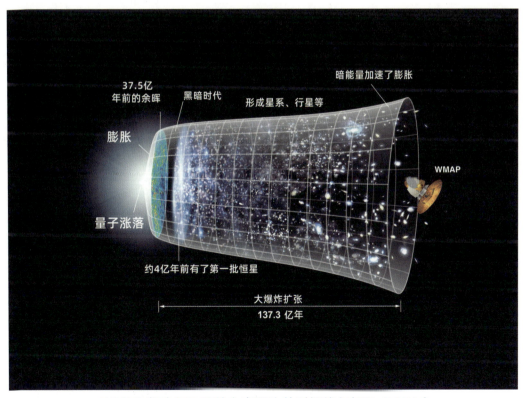

WMAP 帮我们还原的宇宙诞生的时间线（来源：NASA）

胀时刻，也就是在大爆炸之后不可思议的十亿亿亿亿分之一秒的时间里发生的事情。

除此之外，WMAP 在其他方面也有许多斩获。一方面，WMAP 以前所未有的精度测量了宇宙的质量和能量。它测量出普通物质只占到宇宙总质能的 4.6%，暗物质占到了宇宙总质能的 23%，其中前者的误差仅为 0.1%，后者的误差仅为 1%。这两个数字意味着什么呢？它们讲述了一个非常超出常识的事实：宇宙的绝大部分都以谜一样的暗物质和暗能量的形式存在，只有一小部分是普通物质，组成了我们熟知的恒星、行星和人。而知道了宇宙中质量和能量的含量之后，就可以使用广义相对论和哈勃－勒梅特定律求出它当前的年龄。结果是 137.3 亿年，误差为 1%。

另一方面，WMAP 的数据让我们开始了解第一代恒星和星系形成的时期。如果恒星在大爆炸之后很快就形成了，那么它们就会使弥漫的气体电离，出现大量光子被电子弹射的环境条件。这种后散射效应会在微波辐射中留下偏振的印记。而 WMAP 观测到的偏振现象经分析后表明，在大爆炸之后几亿年的时间里约有 20% 的光子被电离气体的雾气所散射。这个结果是很出人意料的，天文学家之前并没有预期到第一代恒星这么快就会形成。

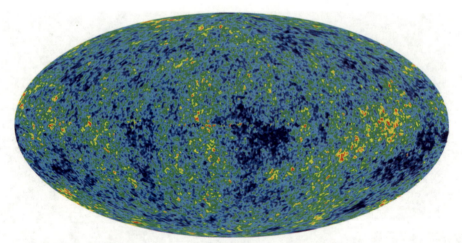

这一极高精度的微波天空，显示出宇宙诞生早期的状态（来源：NASA）

在 WMAP 眼中，宇宙微波背景辐射就是宇宙婴儿时期的景象。想象一下，当你成年后看到自己出生几个小时时的样子，是多么奇妙的感觉。也许电磁波正是宇宙、恒星和行星讲述自己故事的"语言"，这些语言就充斥在无尽的空间中，等待着我们去探测，去倾听。2009 年，欧空局发射了第三代微波背景探测卫星——普朗克（Planck）空间天文台，它以更高的灵敏度和角分辨率，再次帮助人类探索宇宙婴儿时期的秘密，进一步巩固了 COBE 和 WMAP 获得的关于宇宙大爆炸的证据。未来会如何我们无法预测，但天文学家永远不会放弃探寻宇宙起点的努力……

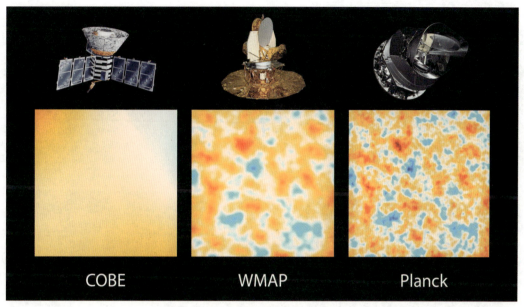

三代探测器的灵敏度对比（来源：NASA）

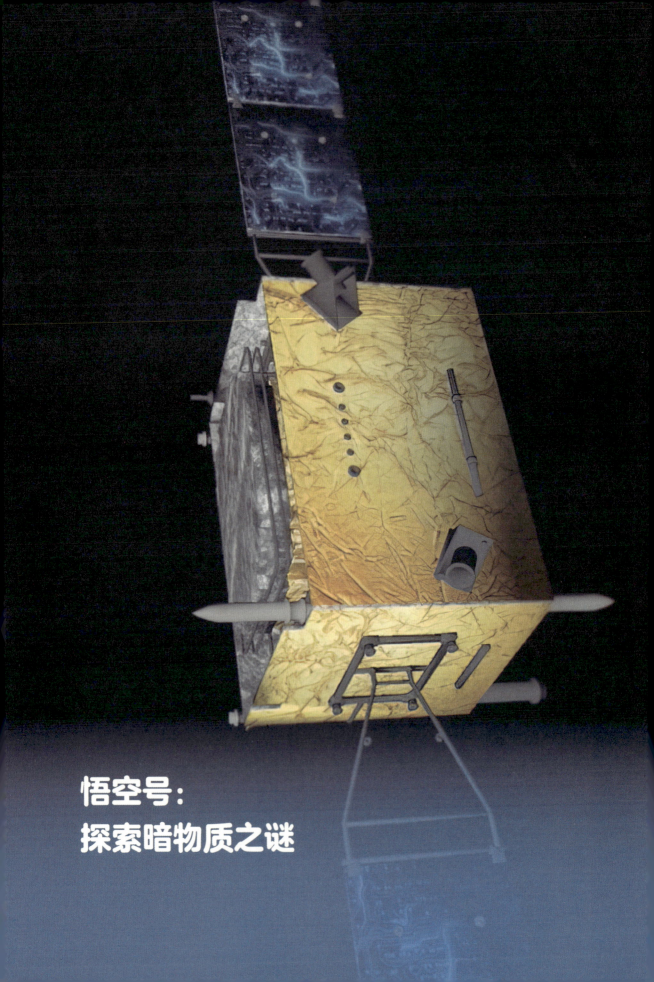

悟空号:

探索暗物质之谜

　　熟悉物理学发展史的读者应该知道，在 20 世纪初，曾经有两大难题困扰着当时的物理学家们，这就是著名的"两朵乌云"，"一朵乌云"发展出了相对论，"另一朵乌云"发展出了量子力学，"两朵乌云"最终成为物理学的两大支柱。从此以后，"乌云"就成了物理学界未解之谜的代称。

　　进入 21 世纪后，物理学家们又有麻烦了，他们又碰上了"两朵乌云"，一朵叫"暗物质"，另一朵叫"暗能量"。他们甚至对这"两朵乌云"的基本特性都还搞不太清楚，只能根据观测到的天文现象提出一些假说。

　　暗物质的发现过程就很有意思。美国天文学家薇拉·鲁宾（Vera Rubin，1928—2016）发现银河系的旋转有点不同寻常。按照牛顿力学的推算，越往外圈速度越小才对。但是，这和她的实际观测是对不上的。银河系外围的那些恒星旋转速度明显偏大。只有一种情况能够解释这个不寻常的现象，那就是银河系的大部分质量并不是集中在中间的那个核心上。可是，我们用望远镜看到的明明就是核心最亮，周围的悬臂比较暗淡，这难道不能说明核心的恒星最多吗？似乎引力计算和光学观测对不上了。

薇拉·鲁宾（来源：CC0 Public Domain）

　　好在测量一个星系总体质量的办法还不少，看星系的旋转速度是一个办法，还有一个办法是依靠引力透镜。按照爱因斯坦的相对论，星系巨大的质量就好像一个放大镜，遥远的星光路过星系附近就会被扭曲。我们可以观测到这种图像被扭曲的现象，进而利用这种现象来反推星系的引力质量，也可以用亮度去计算其总体的光学质量。这两个数值通常是对不上的，而且相差悬殊。引力质量经常比光学质量大得多。

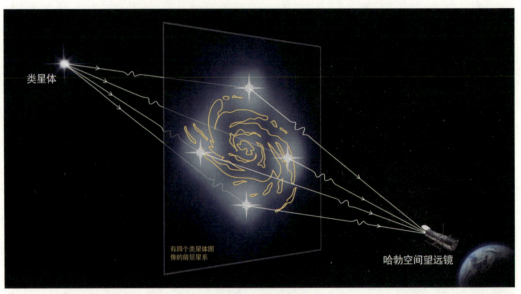

引力透镜原理（来源：NASA）

其实，薇拉·鲁宾并不是第一个注意到这个奇特现象的天文学家，比她更早的简·亨德里克·奥尔特（Jan Hendrick Oort, 1900—1992）和弗里茨·兹威基（Fritz Zwicky, 1898—1974）都发现过这种现象，只是他们没有深究下去。是鲁宾用翔实的观测数据引发了全世界天文学家的关注。

科学家们也不知道是怎么回事儿，他们只能作出假设：星系之中除了看得见的那些物质以外，还有大量看不见的物质，这些物质的数量巨大，远超过了我们所了解的那些普通物质。科学家们顿时就兴奋起来了，原来我们看到的这个宇宙只是显露在表面的一小部分啊。这种看不见摸不着，但是又会产生引力的物质，就称为"暗物质"。

暗物质毫无疑问是具有引力的，但是肯定没有电磁相互作用。在我们的生活中，电磁相互作用是无处不在的。光就是一种电磁波，是一种电磁现象。各种各样的原子为什么能形成各种各样的分子，还是因为存在电磁相互作用。我们的感觉器官也全都依赖电磁相互作用，包括各种精密的传感器，其道理都是一样的。

　　如果暗物质没有电磁相互作用，我们是不可能直接探测到它的，只能依赖间接观测。所以，科学家们就提出了一种很合理的假设，叫作WIMPs，意思就是"具有弱相互作用的大质量粒子"。这种假想中的微观粒子，就是暗物质的候选者之一。

　　但是，提出假设只是完成了科学探索的第一步，更重要的是找到这种粒子存在的证据。其中一个办法是用大型强子对撞机去撞。高速粒子撞到一起会激发出巨大的能量，甚至可以模拟宇宙大爆炸的某些场景。能量足够高，那就一切皆有可能，谁也不知道会撞出个什么粒子，说不定其中就有暗物质粒子呢，但是现状是令人失望的。自从撞出了希格斯玻色子以后，大型强子对撞机就一直没能找到什么更新鲜的粒子了。

大型强子对撞机的紧凑型介子螺线管（CMS）探测器（来源：depositphotos）

我们的太阳系绕着银河中心旋转一周需要2.3亿年。如果太阳系要维持这样的速度，周围肯定包含大量的暗物质，这些暗物质总量达到了10^{11}个太阳质量。如果这个猜想成立，那么地球就应该被大团大团的暗物质包围着。所以，第二种办法基本上就是守株待兔，暗物质粒子很有可能会撞上普通物质的原子核。这种碰撞假如发生，我们就能探测到。当然，自然界中的粒子实在是太多了。为了避免宇宙射线不必要的干扰，这个探测器最好是放到深深的地下，这样就可以屏蔽大多数粒子。能够穿进如此之深的地下，也只有中微子和暗物质粒子能做到。可惜，研究者在地下守候了好几年，也没有发现什么痕迹。

那么，还有什么办法能够探测到暗物质粒子呢？按照现有的理论，两个暗物质粒子碰撞有可能会发生湮灭，产生正常的可见粒子。比如说撞出一对正负电子，或者是发出 γ 射线，这都是可以被探测到的迹象。目前在空间轨道上运行的 α 磁谱仪[1]和费米 γ 射线空间望远镜[2]都是用来探测这种痕迹的。α 磁谱仪在建造过程中出现了意想不到的技术难题，整个计划的成本也从预计的 3 300 万美元飙升到 20 亿美元。这个探测器总质量达到了 7.5 吨，最沉重的部件是一块由中国制造的 2.6 吨的永磁体[3]，中国在超

［1］https://www.nasa.gov/mission_pages/station/research/alpha-magnetic-spectrometer.html
［2］https://www.nasa.gov/content/fermi-gamma-ray-space-telescope
［3］https://english.cas.cn/newsroom/archive/news_archive/nu2011/201502/t20150215_140061.shtml

强磁铁领域是非常领先的。为了保障其 2 500 瓦[1]的耗电量，它被安装到了国际空间站上。也只有国际空间站才能为这个探测器提供电能。费米 γ 射线空间望远镜比 α 磁谱仪便宜一些，但也花费了近 7 亿美元[2]。两个探测器都是极为昂贵的设备。

太空中的 α 磁谱仪（来源：NASA）

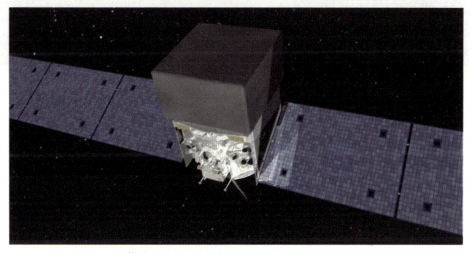

费米 γ 射线空间望远镜（来源：NASA）

［1］https://ams02.space/operations/ams-operations
［2］https://www.space.com/41191-fermi-gamma-ray-telescope.html

相对来讲，中国的悟空号暗物质粒子探测卫星算是最便宜的了，只花了1亿美元。2015年12月17日，悟空号卫星被发射到了太阳同步轨道上，这是中国发射的第一颗专业天文探测卫星。发射升空一周后，悟空号上搭载的仪器陆续开机，开始正常的探测工作。每当悟空号路过中国上空的时候，都会和地面进行联系，平均每天要传回16GB的数据。所有科学研究都是围绕这颗探测器产生的数据展开的。

悟空号卫星并不大，也就是1.5米见方的一个大盒子。但是悟空号探测器干得非常专业，上边装了塑料闪阵列探测器、硅阵列探测器、BGO量能器和中子探测器，是现今全球观测能量段范围最宽、能量分辨率最优的暗物质粒子空间探测器。

悟空号（来源：中国科学院国家天文台）

恒星、中子星、超新星遗迹，以及正在吸积之中的黑洞等天体都有可能加速出很多高能粒子，这些高能粒子和星际物质相撞也会产生反粒子，正电子就是一种反粒子。但是，这些过程产生的正电子无论如何都没办法和暗物质发出的正电子数量相提并论。如果我们只看正电子，信号会相对比较干净。区分正反电子，需要用磁谱仪。正负电子带相反电荷，进入强磁场以后，拐弯的方向完全相反，这就很容易区分正反粒子了。这就是美国的 α 磁谱仪需要带着一个沉重的超强磁铁上太空的原因。

悟空号很轻，总质量才1.8吨，因此采用长征二号丁运载火箭发射就够了。航天器的设计师总是在"为减轻一克而奋斗"，因为卫星越重，就需要更大的火箭，价钱就贵了不少，所以工程师们尽量做到能省一克质量是一克。但是这样一来，悟空号没法带一块很重的大磁铁上太空，也就无法分辨正负电子，显然不如磁谱仪的数据那么干

旋转的中子星（脉冲星）（来源：depositphotos）

超新星爆炸产生的星云（来源：depositphotos）

净。不过根据理论计算，太空中的电子只比正电子多10倍，如果正电子突然多了一大截，那么我们在正负电子的总数据上还是能够看出异常的，所以这个方案总体上是可行的。

　　另外一个大问题就是剔除不必要的干扰。宇宙射线里的高能粒子数量最多的是质子，在 100G 电子伏特的区间，质子比电子要多 300 倍；在 1T 电子伏特的区间，质子要比电子多 800 倍。我们需要探测的是电子，而质子是不必要的干扰。要从海量的质子中分辨出电子，而且还不能认错，就必须练就一双火眼金睛。按照预计，误判的概率不能超过几万分之一[1]，这个要求实在是太高了。

　　好在中国科学院紫金山天文台的常进研究员在 1998 年提出了一个利用各种探测器的综合信息有效区分质子和电子的办法。有了这个办法，就不必采用昂贵的笨重仪器了。美国人正好要在南极释放气球，用气球带着仪器飞上高空去探测宇宙射线。常进告诉美国人，他们的这个探测器就足以探测宇宙射线里的电子和 γ 射线了。最后，常进说服了美国人，他们把数据交给常进去分析处理，效果非常好。这个成果被发表在《自然》杂志上，常进是第一作者。

常进研究员（来源：文汇报摄影记者袁婧）

　　这个技术理所当然地被用到了悟空号探测器上。正因为有了这个技术，我们才可以用比较轻量化、比较便宜的手段来寻找暗物质存在的证据。

　　悟空号探测器最关键的设备是 BGO 量能器，它是主角，其他都是配角。BGO 就是

————————
[1] http://www.cnsa.gov.cn/n6758968/n6758975/c6799309/content.html

锗酸铋晶体，这种晶体能在高能粒子，如 X 射线或者 γ 射线的照射下发出荧光，是探测器的关键部件。制造锗酸铋晶体是中国科学院上海硅酸盐研究所的拿手好戏，包括欧洲核子研究中心在内，很多单位的锗酸铋晶体都是他们提供的。悟空号上的 BGO 量能器的锗酸铋晶体边长达到了 60 厘米，比之前的世界纪录长了整整一倍，这就让我国拥有了全世界探测面积最大的空间探测器。

BGO 晶体（来源：CC0 Public Domain）

其他 3 台子探测器分别是塑料闪烁体阵列探测器、硅阵列探测器和中子探测器。塑料闪烁体阵列探测器是中国科学院研制的，主要用来分辨 γ 射线和带电粒子，而且可以测量带电粒子的电荷。硅阵列探测器由中国科学院高能物理研究所、意大利佩鲁贾大学以及瑞士日内瓦大学联合研制，主要功能是将部分 γ 射线转换为正负电子对，并确定入射粒子到底是从哪个方向来的。中子探测器由中国科学院紫金山天文台研制，主要功能是进一步区分电子和质子。

悟空号运行了 530 天之后，拿出了第一批数据成果。在这 530 天的时间里，悟空号一共采集了 28 亿例高能宇宙射线，并从中筛选出了 150 万例 25G 电子伏特的电子宇宙射线。基于这些数据，我国科学家获取了当时世界上精度最高的 T 电子伏特这个级别的电子宇宙射线探测结果。悟空号的结果比 α 磁谱仪和费米卫星的能量探测范围都要广，这就相当于拍照片能同时看清楚太阳的光辉和蜡烛的火苗，宽容度极高。

而且, 悟空号在 1T 电子伏特范围内的 "纯净度" 最高。这些都为研究暗物质提供了有利条件。

太空中的悟空号（来源：中国科学院国家天文台）

宇宙之中各种能量的粒子都有，按照理论推算，分布应该是比较平滑的一条曲线。但是悟空号探测器画出的曲线在 1T 电子伏特的能级范围内出现了一个 "鼓包"，这个鼓包是不同寻常的，有可能来自暗物质粒子的互相湮灭。而且在 1.4T 电子伏特的能级范围内还发现了一些精细结构，这也是值得关注的。

当然，到目前为止，我们还不能说看到暗物质粒子了，只能算是发现了一些迹象，也不能断定这就是暗物质粒子发出的。但是，即使这些电子并不是暗物质发出的，也是一个意料之外的发现，究竟是什么机制能在 1T 电子伏特的能级上齐刷刷地多出这么多的电子呢？中子星有这个本事吗？或者是黑洞搞的鬼吗？这些都是值得研究的课题。

我们在这里还要强调一个观念。对悟空号来讲，它最本质的工作就是上太空去收集各种高能粒子的数据，观测 γ 射线的信号。我们当然不能仅仅把眼光盯在暗物质这一条线上，寻找暗物质的蛛丝马迹也只是这些数据的用途之一。数据本身才是最宝贵的财富，现在是大数据时代，其中的意义是不言自明的。

悟空号还只是一个开始，以后我们还要发射更多的科学卫星和探测器，收集更多的数据。

γ 射线爆发（来源：depositphotos）

　　最近十年来，我国已经在航天技术和空间探测上取得了长足的进步。中国的科学家与全世界的科学家一起，正在为破解 21 世纪物理学中的"两朵乌云"努力着。我衷心希望，悟空号能再接再厉，为人类的科学事业带回更多有价值的数据。

后记

这是"汪诘·科学有故事团队"集体创作的第三本科普图书，前两本是《植物的战斗》和《永无止境：人类病毒和细菌》。

成立科普写作团队是一种大胆的尝试，但这种尝试是建立在理性之上的。因为，科普与小说不同，写小说是编故事，而编故事，人多不见得有优势。但科普写作是科普传播，人多就有优势，因为科普写作需要兼具准确和通俗，团队中的每个人可以发挥各自擅长的一面。

本书的第二部分"太空之眼"的内容来自科学声音与上海教育出版社一起合作的上海市 2019 年度"科技创新行动计划"科普指南项目"虚拟天文台科普教育课程开发与应用示范"。这是公益科普视频，由我担当导演和主持。

我们团队的创作流程大致是这样的：

首先，由我来规划所有的选题和文章的风格范式，其次，动手撰写了"太空之眼"部分的"钱德拉"和"WMAP"两章，作为"样稿"，发给团队的其他成员。

刘菲桐负责撰写海盗号、火星探测漫游器、旅行者号、卡西尼号、搜虎、依巴谷、斯必泽、哈勃；

吴京平负责撰写星尘号和悟空号；

刘辰负责撰写威尔逊山天文台；

汤振凡负责撰写帕克斯望远镜；

商铮负责撰写大耳朵望远镜和高海拔宇宙线观测站；

闫永明负责撰写欧洲南方天文台；

赵倩负责撰写阿雷西博射电望远镜；

何慧中负责撰写夏威夷莫纳克亚山天文台和智利 ALMA；

王贺静负责撰写美国甚大望远镜阵列；

金佳负责撰写"中国天眼"和俄罗斯RATAN望远镜；

刘永清负责撰写郭守敬望远镜；

石依灵负责撰写平方千米阵列。

创作团队中，有的是全职科普作家，有的是知名的自媒体科普人，还有的是天文学博士。

但是，他们又有一个共同的身份，那就是"科学声音科普写作训练营"的营员，我们曾经一度过了一段亦师亦友的时光，大家相互交流写作心得，相互帮助提高。写作训练营目前已经办了七届，我会持续地办下去。

在此，我还要特别提到一个人——董轶强，他在我们写作训练营中被亲切地称为"大师兄"，他是训练营第一期学员，也是我们团队中的佼佼者。当第一撰稿人把稿件交上来后，我会先把初稿交给董轶强，让他先做一遍审校和润笔。

董轶强把修订好的稿子交到我这里后，我才做审校、修订和统稿工作。

打个比方，本书的创作团队有点像米其林餐厅的后厨，我是厨师长，作用是保证菜品的风味和品相一致。我带着众多各有特长的厨子，为读者们烹饪美味可口、营养丰富的大餐。

统稿完成后，其实我们的流程还远没有结束。我会将稿子交给我们团队的文献助理黄小艳老师对文章涉及的知识点和信源进行逐一核对和修订。

完成这一步后，再将稿子交给我们的科学顾问（即审稿专家）审阅。

本书的科学顾问包括前国际天文学联合会副主席、中国科学院院士方成，中国科学院国家天文台的崔辰州博士，上海天文馆的林清博士、杜芝茂老师、施韡（网名"水兄"）老师和张瑶老师。

特别说明的是，"悟空号"这一章由悟空号工作原理的发明者、中国科学院国家天文台台长常进研究员亲自审稿。

最后，我根据科学顾问的审阅意见，完成稿件的最终修订。

可以说，每一章都来之不易。不过，科普写作就是这样，哪怕再努力，依然可能有疏漏或不足，恳请读者批评指正。

我从事科普写作已经有十年了，专职从事科普自媒体工作也有 6 年多了。可以说，我是科普写作事业在我国越来越繁荣的参与者，也是见证者。我有一个预感，像我们这样的科普写作团队会越来越多，逐渐成为科普写作的主流。在科普写作领域中，团队作战比单兵作战更有优势。

2022 年 4 月 6 日于上海莘庄（写于疫情封闭管理期间）